不成功人士的成功秘密

BUCHENGGONG RENSHI DE CHENGGONG MIMI

田 波/编

四川大学出版社

项目策划：陈　蓉
责任编辑：陈　蓉
责任校对：吴连英
封面设计：墨创文化
责任印制：王　炜

图书在版编目（CIP）数据

不成功人士的成功秘密 / 田波编. — 成都 : 四川大学出版社，2019.12
ISBN 978-7-5690-3270-3

Ⅰ. ①不… Ⅱ. ①田… Ⅲ. ①成功心理－通俗读物 Ⅳ. ①B848.4-49

中国版本图书馆 CIP 数据核字（2020）第 001581 号

书名　不成功人士的成功秘密

编　　者　田　波
出　　版　四川大学出版社
地　　址　成都市一环路南一段 24 号（610065）
发　　行　四川大学出版社
书　　号　ISBN 978-7-5690-3270-3
印前制作　跨克
印　　刷　郫县犀浦印刷厂
成品尺寸　170mm×240mm
印　　张　10.5
字　　数　143 千字
版　　次　2020 年 4 月第 1 版
印　　次　2020 年 4 月第 1 次印刷
定　　价　39.00 元

◆ 读者邮购本书，请与本社发行科联系。
电话：(028)85408408/(028)85401670/
(028)86408023　邮政编码：610065
◆ 本社图书如有印装质量问题，请寄回出版社调换。
◆ 网址：http://press.scu.edu.cn

四川大学出版社
微信公众号

谨以此书，献给暂时还是『不成功人士』的……

序言

截至2019年，我已经教授高中数学十余载，每次在教授数列周期性的时候，都会莫名激动：在数字的世界中，我们可以通过已经出现的数字去探寻其内在规律，看到前30个数字，就可以知道第100个数字是什么。每当此时，我都会在心里惊叹：“好神奇呀！人类在茫茫历史长河中已经生存了数百万年了，其发展不也暗藏着某种规律吗？是否我们每个人的人生发展也有一种内在规律，一旦探究清楚这种内在规律，我们就可以发现甚至是改写自己的人生呢？”

这个问题让我思考了近10年，但每次思考之后，我并没有得到什么突破性的进展。直到我看一些成功人士的经历，总结出一些非常有智慧的话并与朋友们分享的时候，我突然觉得我应该做点什么事，来为不断探究、不断想让自己活得更明白的人提供一点帮助。

每次在分享成功者的观点时，我总会听到很多人讲“成功人士”说什么都是对的。我是不太同意这样的观点的，因为我一直坚信：不是我们“成功”了才有资格去说一些“道”，而是因为我们秉持了那些“道”所以成功了。就像在数字的世界中找规律一样：不是我们得到了100个数字再去阐述那个“规律”，而是因为存在那个规律，第100个数字一定是那个特定的它。

这也是我们写作这本《不成功人士的成功秘密》的初衷。在这本书里，我们所定义的“成功人士”是指那些实现了自己目标和梦想的人，而所谓的“不成功人士”是指那些虽然暂时没有实现自己的目标和梦想，但在自己过去的生命中一直拥有某种品质的人，他们会用自己接下来的生命去证明，拥有了“特有的品质”，坚守了“特有的精神”，做了“对的事情”，必然成功。我们也相信，当本书作者的梦想一个个实现，当我们的观点被不断证实，我们可以为更多的人带去巨大的能量，帮助他们葆有“特有的品质”，坚守“特有的精神”，坚持做“正确的事”，从而帮助更多的人活得更加明白。

最初，在产生这个想法时，我给本书的作者们，即我身边那些暂时还“不成功”但我深信一定会成功的朋友、师长都打了电话，进行了分享，他们中的很多人都为这个想法激动不已。但是，激动之余，有很多伙伴也表示担忧。

他们有的特别担心自己一点都不“成功”（这里的“成功”指大众意义上的成功，即拥有巨额的财富、很高的社会地位、很大的社会影响力），这本书会没人看。我也直接讲出我的观点：“我们这个社会明明是不成功而想成功的人士更多，我们代表了最广大的社会群体，理应有人跟我们想法一致，甚至也想跟我们结成联盟一起努力。退一万步，如果没人看，也不影响我们继续追求我们的人生理想。当我们的理想在不断地被实现时，我们曾经‘稚嫩’的想法和观点一定会比我们成功之后发表的言论更受人欢迎。”

他们有的还担忧自己文笔不好，且如果自己并没有掌握成功的真谛，容易误导读者，尤其是我们的读者中还有学生。我也做了解答：“教育的本质在于唤醒。只有通过不同的声音去呼唤，我们才更容易唤醒深埋于每个人心底的对生命的认知，激发其把控自己人生的意识。如果我们妄图直接搭一条路，让读者不加思考就走下去，这才是反教育的。既然当下市面上有那么多‘成功’的声音，我们这些‘不成功的人士’也应该大声地呼唤一下吧。”

无论多么担忧，为了能更好地掌握生命发展（或者叫“成功”）的本质规律，大家都在竭尽全力地整理自己的人生、自己的文字，当然也包括凌晨两点依然在电脑前为这本书写序言的我。我们都希望用自己人生经历中获得的经验与认知帮助更多处在迷茫中的人，帮助他们坚持自己身上的良好特质。

非常感谢参与撰写本书的各位作者。我们一致认为成功并不是少数天赋异禀的人的特权，也不介意在成功之前，于广大读者面前暴露兴许并不成熟的观点。我们记录下这一路上的所思所想，引发更多人的思考，也是一件痛快淋漓之事。我们也会持续追踪书籍中作者的发展历程，持续分享他们在梦想道路上的成长轨迹。

我们专注于收集整理平凡人的“不平凡”故事。如果你也与本书的某一位或者多位作者有类似的经历、相似的看法，如果你也期待你的逐梦之旅被持续追踪，欢迎向tianbo@hofe2010.com投稿。

目录

CONTENTS

田波：专注梦想，幸运自来

实现自己目标和梦想的人——成功人士

一、全力以赴，坚持不懈

从2012年开始，我陆续在双流中学、棠湖中学、棠湖外国语学校、华阳中学、中和中学、都江堰八一聚源中学、达州市第一中学、达州市高级中学等学校开展了“励志中国，赢在方法”“唤醒心中的巨人”等讲座，在自由问答环节经常会碰到孩子提出这样的问题：“田老师，您觉得努力真的有用吗？”最近一次被问到这个问题是在达州市高级中学。那是在2018年11月16日的下午，当我做完讲座，一个小女孩来到讲台前，发出了上述疑问。我赶紧蹲下身子让自己与小女孩视野齐平，和她分享了我经历的那些故事和我对这个问题的看法。听了我的话，那孩子的眼里虽噙着泪水，目光中却多了分坚定。那一刻，我很欣慰，我感谢很早之前就提出这个问题的人，因为他们的追问，我才能早早地翻看自己的人生过往，从蛛丝马迹中找到答案。当再遇到类似的提问，我能理解，一个真正努力过的孩子才会生出努力是否有用的怀疑，而我相信唯有真正怀疑过努力是否有用的人，他再次努力的时候决心才会更加坚定！

对“天道酬勤”的思考

从四川省广安市的一个山村走入城市的我，经常被身边的朋友说“傻”。我敬畏我的每一位老师，他们讲的东西我都奉为圭臬。回首往昔，我遇到的老师都会教我一个道理——勤奋。年少的我虽然根本没有思考过何为勤奋，也没有思考过勤奋对自己的人生到底有怎样的意义，但一直谨记老师们的教诲，我也深信勤奋能推动我到达老师们所描述的那个世界。

初中时的一次国庆节，全校同学都放假回家，我感觉在家里没有学习的氛围，想到老师说的勤能补拙，决心要更好地利用这个假期。于是，我偷偷潜入教室自习，结果非常不凑巧地被到学校加班的语文老师黎健康看见了。黎老师当面肯定了我的努力，国庆收假之后更是当着全班同学的面狠狠地表扬了我一番。那一刻，我觉得，勤奋一点，再勤奋一点，一定没错。

但是高中的经历动摇了我对“勤奋”的信仰。

2004年9月，我以班上第6名的成绩考入了友谊中学。收到录取消息的时候，我开心得手舞足蹈。要知道友谊中学声名远播，是广安最好的一所学校，而我甚至还进入了友谊中学的实验班，高2007届7班。内心深处，我更加坚信：勤能补拙，越努力越幸运。我告诉自己：“田波，进入高中你可得更努力了，如果能考进一个一流大学，你的未来就不是梦了！”

高一那年我们分了文理科，因为7班是文科班，我就从班上分了出来，被安排进入了9班。非常巧，9班教室前面贴的班训居然是我一直信奉的真理——天道酬勤，我心里特别激动：这一切的一切不都是在把我往理想的大学——四川大学推进吗?

我记得特别清楚，有几次我的考试成绩不理想，班主任老师在开班会的时候讲道：“我们班这次考试有很多同学考得很好，但是还是有一些同学没考好。同学们，天道酬勤呀……”每一次听到老师的教诲，我都默默地在心里告诉自己：“老师肯定是在说我没考好，不行，我得更加努力！”渐渐地，我从正常作息变成了早起晚睡。一旦我考得不错，我就会告诉自己：“果然，天道酬勤！”但是，不知道老天是不是喜欢跟我开玩笑，进入高三，我的成绩开启了稳定下滑的模式，要考上学校划出来的重点线已是不易，遑论川大！但我相信，上天一定会把最美好的反馈留到高考时给我。然而，2007年我的高考成绩离重点线还差40多分，我心仪的四川大学每年录取线差不多要高出重点线60分以上，100多分的差距让我彻底懵了。我不够努力吗？不可能！我比很多人都努力！如果说我是全校第二努力的那个人，放眼我能看到的同学，谁还能成为最努力的那个呢？天道酬勤错了吗？也许这不过是老师们虚构出来让学生不要调皮捣蛋的谎言，天道酬勤有用的话，为什么我会高考失利，而平时耍耍学学的同学却以高分考入西安交通大学？第一次，我怀疑起了自己信奉多年的“天道酬勤”。

2008年，我带着一路上养成的勤奋习惯来到了成都棠湖外国语学校复读，这里的一节体育课彻底颠覆了我的认知。那节课，班上的同学都到教室外面玩，我心里十分不解，为什么这个班的同学都这么不努力，高三了还不抓紧时间学习？我正嘀咕着，班主任来到了教室。我原本期待着他表扬我的刻苦努力，结果，他直接把我赶出了教室：“田波，都高三了，体育课都不去锻炼你什么时候锻炼？！”那一刻，我脑袋是懵的，这么多年了，我第一次因为学习“刻苦”被否定。鉴于已经不能待在教室里，我便加入了班上同学的运动，乒乓球、羽毛球都分外地吸引我。在运动过程中，我因为积极参与还得到了一个“拼命三郎”的称号。高强度运动之后，一种奇特的变化发生了，当再坐回教室里时，我感到神清气爽，非常享受在书桌前奋笔疾书的感觉。而更好的运气也降临到了我身上，我和班长——一个超级学霸分配到了同一个寝室。班长是一个特别乐于分享的人，从他身上我学到了很多学习方法，这也让我的成绩提高到了一个非常不错的水平。

经历这一切之后，我更加坚信：天道酬勤就是一个谎言！如果仅靠勤奋就能取得好成绩，我们为什么还要调整自己的学习状态、优化自己的学习方法呢？某一刻，我甚至开始从心底瞧不起那些教我天道酬勤道理的老师，如果他们能教我如何调整学习状态，教我更高效的学习方法，我根本不会因复读浪费一年的时间。

不过，随着经历的丰富、思考的深入，我对“天道酬勤”的认识再一次发生了反转。

2009年，机缘巧合之下，我联合7个创始人把川大29个学院140多位班长和团支书聚集起来，成立了四川大学e联盟，并担任了e联盟的联盟主席，而后发起成立了四川大学记忆协会。2010年，我成立了自己的第一家公司——成都后飞教育咨询有限公司。我身边的优秀人士越来越多，有时，我也很纳闷，为什么那些比我更优秀的人愿意跟随我一起做一些事情呢？通过不断地交流，我得知，大家认为我很勤奋，想做一件事就一定会全力以赴。那一刻，我恍然大悟，我身上最宝贵的品质竟然是我一度鄙薄的勤奋。复读之前的老师们早早地把这个品质灌注进了我的灵魂，只是曾经的我不知道，这种品质比高考分数还重要：高考分数帮我进入了川大，成就了我一时，而那种勤奋和拼尽全力的品质却成就了我一辈子。

我也更懂得了一点：只要有付出就一定有收获。只是人类还是太过稚嫩，很多时候我们并不清楚我们的付出会以什么形式回馈到自己身上，甚至我们已经得到回馈却没有察觉。上苍会被你的勤奋和全力以赴感动，它或许未能给你所期待的收获，但往往给了你更好的东西。譬如那段一度动摇我对勤奋的信仰的复读经历，其实带给了我很多意料之外的收获，今天后飞公司的很多伙伴都是我高中复读班上的同学，他们燃烧着自己的生命，推动后飞朝着它的百年目标前进，他们都是上苍给予我的馈赠。

当然，也因为意识到了这一点，我在工作中为了后飞成为中国最受尊敬的百年教育公司这个使命而继续努力着。夜深人静时，偶尔看到朋友圈中有人炫耀自己早上8点到办公室，晚上8点才停止奋斗，我会默默地笑一下。于我而言，即使早上7点起床奋斗到凌晨1点睡觉，我依然觉得自己不够努力，我还需要太多的时间去完成我的使命。我坚信我将用10年至15年的时间带领后飞上市，也坚信一定会完成后飞的使命。如果没有完成，那只能说明后飞将创造出比这个预想还要美好的结果。

坚持不懈，人生终有奇迹

在“全力以赴，坚持不懈，如果你没有得到你想要的，那是因为你即将得到更好的”这条信念的驱使下，我坚信每一刻身心全情付出的价值，我坚信每一次遭遇困难时的坚守都将成为公司和我骄人的财富。

2016年，为了帮助华阳中学的高三学生，让他们能够用更高效的方法、更好的状态迎战高考，公司做出了一个重要决定：联系华阳中学的领导，把我们的“励志中国，赢在方法”讲座推广到学校。最终我接下了这个非常具有挑战性的任务。

我先搜索了自己的朋友圈，发现暂时没有认识那一届年级主任的人，我便知道接下来的路不会很好走了。我只能把寻找联系电话的任务交给我的学生，我很真挚地向学生说明了后飞想要在华阳中学开展讲座的计划，告知他们这个讲座将会对其高三阶段的学习产生非常积极的影响。最后，在学生的帮助下，我顺利拿到了年级主任刘老师的联系方式。

然后，我给刘主任发了一条短信：“刘主任，您好！我是专门举办高三学生励志方法讲座的田老师。我们机构已经给双流中学、棠湖中学等很多学校举办了类似讲座，学生的反馈都非常好，我从学生那里得知您也是非常重视学生励志方法教育的老师，所以专门与您联系，希望能帮到贵校高三年级的学生。”我的短信如石沉大海般没有回音，我内心随之产生了很多声音，但是，我知道坚持一定会有奇迹。

次日，我拨打了刘主任的电话：“刘主任，您好！我是昨天给您发过短信的做励志方法讲座的田老师，我们希望能给贵校高三年级举办一个励志方法的讲座。”刘主任非常果断地拒绝了我：“我们学生不需要做这种讲座！”当我还要继续讲点什么的时候，刘主任直接挂断了电话。那一刻，我不得不承认自己很沮丧。虽然这个计划有可能泡汤，但是我内心深处依然升起了一个声音：“坚持出奇迹。”我心想：我不能就此放弃，我得见到这个主任，并且把我们讲座的资料递到他手上。当他了解我们的讲座讲些什么内容后，即使仍然拒绝我，我也没什么可遗憾的了。

于是，我拿上资料赶到华阳中学，再一次给刘主任去了电话：“刘主任，您好！我到了华阳中学，我想我应该把关于我们的资料递交到您手上，您了解清楚之后再做决定会更好一点。”在一声果断的“不需要”后，电话里传来了“嘟嘟”声。我直接找到了高三年级的教学楼，打听到了年级主任的办公室。我来到办公室，发现里面居然有3个人，而我根本没有做好同时与3个人讲话的准备。在门口的时候，我徘徊了好一会儿，心想：“回去吧，3个老师都在里面不好沟通，我相信已经走到这一步了，回去如实向团队成员说明情况，一定能得到谅解。”但是，内心深处另一个声音又冒了出来：“冲进去，无论沟通结果如何你都是赢家，因为只有那样你才能更好地锤炼坚持不懈的精神，今天进去即使被保安撵出来，你的故事也很精彩。”在第二个声音的驱使下，我敲响了办公室的门：“刘主任，您好！我是给您发了短信、打了电话的那个田老师。我想我应该把讲座资料送到您手上，那样您做的决定会更明智，所以我就贸然来送资料了。”刘主任示意我把资料放下，我知道机会来了，上前说道：“刘主任，资料已经拿到的话，我再给您讲一下我们讲座的具体情况，那样您会更清楚一点。”我“噼里啪啦”地把讲座的核心内容声情并茂地讲述了一遍，我以为这一次肯定能打动刘主任。但当我讲完之后，刘主任只是很冷淡地说道：“讲完了么？”一瞬间，我整个人都泄了气，正思考还能怎么办的时候，旁边的另外一个老师（后面得知，他是三大年级主任之一的谢主任）却开了口：“我教的8班是我们年级最好的理科班，你可以给他们讲一下，我感觉你说得很好。”我马上恢复了精气神，在了解到老师的称呼之后，说道：“谢老师，我一般只给一个年级做分享，如果我给班上学生分享得好的话，您可以安排整个年级的学生一起听讲座、一起成长么？”谢主任说道：“你先来讲，我会亲自听，其他的讲完了再说。”

我给8班的同学做了一场分享，谢主任全程旁听。我讲完之后，谢主任一个劲地向我表示感谢，并与我交流了讲座心得。接下来，我顺理成章地给整个年级的学生做了“励志中国，赢在方法”的分享。

回看这件事，我觉得一切都那么妙不可言。当我不断坚持、不断抵抗现实带来的挫败感的时候，我以为会从刘主任那里打开局面，却没想到谢主任给了我意想不到的惊喜。我也更相信一点：全力以赴，坚持不懈，如果没有得到你想要的，那是因为你即将得到更好的。

二、重塑初心，有始善终

从小到大，我接受的教育都是“不忘初心，方得始终”。随着年龄的增长、阅历的丰富，我开始质疑这种观点。我觉得初心一定是会被重塑和改变的，而每一次重塑，初心都会变得更加纯粹，更加利他，更加有力量。

我是这样理解“初心”这个概念的：如果把人生比作一辆汽车的话，那么初心就是这辆车的动力。有的车不清楚自己的动力所在，往往一遭遇困难就寸步难行；有的车则非常明白自己的动力所在，当前行遇阻，总能从“初心”中汲取更多的力量来突破重重障碍；有的车不仅知道自己的动力所在，还会在行驶的过程中对动力进行更换，每一次更换都是一次升级，从“人力”到“蒸汽”，到“石油”，再到“电力”甚至“核能”，动力由此变得越发强劲，越发纯粹。

教学过程中，我问过很多同学：你为什么要补课？有同学告诉我，只要补课，爸爸就会给买一部手机；有的同学告诉我，因为某个科目成绩不好，希望提升这个科目的成绩；有的同学告诉我，因为这学期的某个知识点在学校听不懂，希望能在这里学懂弄通；有的同学告诉我，因为后飞的男老师很帅，女老师很漂亮；有的同学告诉我，因为后飞的老师各方面都很优秀，可以从他们身上获得更多对生命的感悟。但是无一例外的是，当孩子们正式进入后飞学习，他们的补习初心都会发生妙不可言的改变。有的孩子的初心变成“在后飞学习非常快乐，所以我要来这里补课”，有的变成“因为在这里我能感觉到自己内心深处逐梦的力量”。

而回首自己创业的经历，我的初心也经历了改变。

初心始立：千里马常有而伯乐不常有，做不了千里马就做伯乐

大学之前，我接受的教育（包括来自父母、老师、朋友的教育）都告诉我，“读一个好大学，找一份好工作”。于是，在我最初的认知里，人一辈子是一定要找一份好工作的。2008年进入川大后，我好像已经完成了“读一个好大学”的目标，但是我期待的好工作又在哪里？我陷入了迷茫，不知道何去何从。有幸得到学长的指点，“多增加一些社会经验总不是坏事”，于是，我做起了兼职。那个时候川大最流行的兼职是做家教，我向一个学长创办的家教中心投递了简历，不过非常遗憾，我并没有通过面试。这次经历对我的打击很大，很长一段时间我都没有勇气再去面试其他工作。直到2008年寒假，我原计划在放假的第二天就回家，室友成磊问我：“田波，寒假你要不要留下来做家教？”“如果有人要我的话，我就把火车票退了，留下来。”我脱口而出。经过成磊的引荐，我见到了亲亲志成家教中心的老板（后来我们都亲切地称呼他为龙哥）。因为跟龙哥是老乡，我们在川大的三八广场上聊了很久，话题始终围绕着我们美丽的家乡广安。我自觉聊得很自然而愉快，龙哥也当即决定把我收下。我内心深处充满了对龙哥的无限感激，总觉得自己这样一个跟陌生人说话会脸红、性格还有点怯懦的人居然会有人赏识，实在幸运。那个寒假，龙哥分派给

我的任何任务，我都会竭力做到极致，并且会带着自己的一些思考去做。比如，发宣传单的时候，我和大家一样不太放得开，但是我会强迫自己放开，在指定的地方发完传单后，还会去我认为不错的商店、菜市场继续发；当工作人员接待家长时，其他伙伴自动走到里屋回避，我却拿个小板凳坐在旁边，边听边学，偶尔还会插几句话；在和小伙伴们一起相处的过程中，任何需要我付出与服务的地方我都欣然去做，时常早起为大家煮点早餐，为大家洗碗端饭。

年前的一天，龙哥对我说："田波，你愿意做一些管理工作，进一步参与吗？"我自然是乐意之至。那个寒假，我接管了后期接待、人事管理和市场工作。龙哥递给我一堆简历表，告诉我这是来亲亲志成参加过面试与已经通过面试的人的简历，让我保管并熟悉一下。当我一份份地翻看那些简历时，发现一份简历的主人叫"田波"，而面试结果是淘汰。仔细再看，原来那就是我自己的简历！到现在我还记得，我看到简历的第一反应是小人得志般的窃喜，我很想给所有人看看这份简历，告诉他们我其实很不错，面试我的人太没眼光。但很快，一股悲凉之感随之而来，"千里马常有而伯乐不常有"，如果我这辈子能不能成才都交由别人决定的话，我很可能会在被拒绝后更强烈地怀疑自己。于是，我暗暗地告诉自己："田波，你这辈子不应该再给任何人面试你的机会！你应该创业，带领一群人去向命运抗争！"这也是我想创业的初心。

初心一变：我们要创建一家不一样的教育公司

时至2010年，大三，我已经成功组建了一些团队，包括四川大学记忆协会、四川大学e联盟、致远家教中心。我心里关于创业的想法依然存在，但是我的初心已经不是最开始的"不想再被其他人面试"了，我只是单纯地想要创建一家完全不一样的教育公司。第一，我们不能借助别人的名声，像“康帅傅”那样的做法和动机总能一下引发我强烈的厌恶感；第二，我们要创建的公司当下必须在网络上查不到任何信息，这家公司未来铺天盖地的辉煌该由我们一点点缔造。

那一天，我跟吴光银一起去工商行政管理局注册公司。我们两人抱着手机思考公司的名字，想到一个我们就立即百度一下，如果网络上已经有了相关的信息就淘汰这个名字。突然间，我灵光一闪：我们刚刚开始注册公司，而教育巨头如新东方已经具有超大的体量，与之相比，我们多么落后；但是我们又不能甘于落后，我们必须以飞一般的速度去前进、去超越、去披荆斩棘，我的脑海中蹦出了“后飞”二字。我赶紧百度了一下“后飞教育”，结果网页只弹出了一条“某某被撞后，飞了100多米……”的信息。那一刻，我们两个人的内心都无比激动，当即把公司名字报了上去。上报完毕，我立刻给后飞的第一个专职员工也是后飞现在的人力总监打了一通电话，告诉她，我们这家注定伟大的公司，已经有了一个意义非凡的名字，而我们也决定给这家公司注册一个商标——后飞，以确保我们做大做强后不会把自己的品牌搞丢。

初心迷茫：这家公司该如何才能不一样？

公司注册成功后，我们整个团队都陷入了深深的思考：方向已定，我们要做一家完全不一样的教育公司，但是怎么去做呢？那时的我们毫无头绪，于是展开了一场头脑风暴。

在启动家教中心的时候，我们在温江、华阳、双流同时开花，然而在没有想好如何把3个地方凝聚起来的时候，贸然做大的确不是一个明智的想法，我们依然把双流与温江做了分割，只留下了华阳一个教学点。我们的焦点暂时就放在以下这些问题上：当今学生学习面临着哪些问题？我们怎么做可以解决这些问题？我们怎么做可以更高效地解决这些问题？我们怎么做可以帮未来的伙伴更快地解决这些问题？我们怎么捕获随着时代改变而产生的新的问题？我们怎么解决这些新问题？这6年的探索期说长不长说短不短，我把自己打磨成了一个在教授数学、唤醒学生自律能力、唤醒学生梦想方面比一部分人要厉害一点点的老师。在思考清楚很多问题后，后飞决定往外走一小步。通过对同行的反复观察，我们认为自己已经拥有不错的水准了，当然，从内心深处讲，我并不确定我们是否真的比一些同行更厉害，但在我们扩大规模、往外发展的时候需要给自己一些鼓励。

初心再变：每一次改变，初心都会更纯粹、更利他、更笃定

2016年，新加坡的ADVO教育走入后飞，我受其邀请第一次走出国门，现在对那时的兴奋感仍记忆犹新。在参观了新加坡诸多教育机构并对ADVO进行深度了解之后，我们一行人在马来西亚的一个酒店再次开启了头脑风暴。其实，那几天的头脑风暴过程中，我的状态有点低迷，过去这么多年一直认为自己从事的是教育，可看过新加坡人的教育后，我才发现自己从事的明明就是培训，跟教育只是有一丁点儿的关联罢了。我觉得自己没有资格再与新加坡的伙伴探讨教育，顶多是在接受教育。也是从那时候开始，我才真正意识到一个企业的使命、愿景、价值观是那么的重要。回到成都之后，我继续组织团队进行头脑风暴，反复探讨我们的使命、价值观和愿景，最终我们确认了这一次我们的初心和使命——做中国最受尊敬的百年教育公司。

在新加坡，我们听到很多新加坡人的故事，基本上每一个故事中都有一个深深为自己祖国骄傲的新加坡人。我内心非常受触动，面对来访的外国人，一部分中国人会隐藏自己的民族自豪感，而新加坡人却不会，他们深深地为自己是新加坡人而自豪。所以，后飞就肩负着一个使命——创办

一家在中国最受尊敬的教育公司，与此同时它也应该是世界范围内最受尊敬的教育公司，然后，我们可以骄傲地告诉所有人：中国的就是世界的！在前行的路上，我们更得肩负一种责任——唤醒我们所有人的爱国主义情怀与深深的民族自豪感。

“最”——我们知道“最”是一个达不到的状态，那也是后飞人不断地超越自我向上发展的一种自我鞭策。

“受尊敬”——“受尊敬”的人从没有一个是利己主义者，受尊敬的公司也没有一家不是在肩负社会责任的。所以，我们想以此告诫后飞的每一位伙伴，做一个纯粹的利他、利国、利社会主义者，我们终将从平凡走向伟大。

“百年”——十年树木，百年树人，要从心理层面去影响一个社会，让它朝着更好的方向发展，需要身处社会中的每一个伙伴都有正知、正解、正念，而这个过程一定是非常漫长的。如果后飞能历经几代人的血液更替而不忘初心，那么一定能够跨过百年时光。

“教育公司”——如果说前6年的后飞是一家彻头彻尾的培训公司，我们为了孩子们的成绩不断努力，那么从第7年开始，我们一定是一家从培训走向教育的公司。后飞培训孩子们取得高分，绝不是为了小升初考试、中考或是高考，我们只是在用另外的视角引导孩子们发现探索知识的乐趣，帮助他们在深刻理解已经被发现的知识的同时，去探索那些没有被发现的知识。而在探索这些知识的时候，我们的内心世界会充斥各种各样的情绪，所以，我们要修炼的另一项技能是学会接纳自我产生的各种情绪，学会更好地与自己相处、与环境相处。至于分数，只是我们学会与自己相处、与环境相处、探索理解知识后的副产品。

从“不想被面试”到“做一家不一样的教育公司”，从“做一家不一样的教育公司”到“做中国最受尊敬的百年教育公司”，我们的初心不断地重塑，变得越来越纯粹，越来越利他，越来越笃定。而当初心变得越来越有力、越来越利他、越来越纯粹之后，我们的行为也会变得越来越坚定。

我非常幸运地见证了一些后飞的学生在重塑自己的初心后，获得了更大力量去改变自己的故事。

2011年，我接手了一个名叫万亿的孩子的教育。一个下午，万亿的姑妈找到后飞，最初她对当时还在小区民房的后飞左右瞧不上，一开口就讲道："我在双流中学外面拿到你们的宣传单，发现理念挺好的，就过来看看，没想到你们这个地方这么简陋！"我立刻回应道："家长您好！您真厉害，一看宣传单就能抓到重点，教育理念是决定能否教育好孩子的关键。每一个伟大事业都有一个微不足道的开始，苹果公司的起步还是在地下车库哇！您能拿到我们的宣传单，也是冥冥中的缘分，请问我有什么可以帮到您？"一番沟通下来，我遇到了一个从未碰到过的难题：孩子是个富二代，从小学开始不断转校，基本上没有在任何一个学校待过1年以上，能进入双流中学也是托了关系花了不小的代价，孩子又是一个篮球健将，长得人高马大，孩子爸妈总是教育他学习读书没用，不如继承家业。只有孩子的姑妈重视教育，一直为孩子操心，负担了孩子从小到大的教育费用。

我和孩子的姑妈聊了很久，探求这个孩子讨厌学习的症结和他的兴趣爱好，以便见到这个孩子的时候能找到聊天的话题。我把自己的教育经历和对孩子的初步教育方案对孩子的姑妈和盘托出，她很开心，表示只要孩子愿意学习，她就感激不尽了。

次日，我见到了这个孩子，我礼貌地跟孩子打招呼："万亿，你好！我是田老师，非常开心认识你。昨天因为缘分我认识了你姑妈，她聊到你在学习时特别焦虑，看得出来她对你的爱非常深厚。我想，如果能对你的学习有所帮助，也算提高了我的教学价值。我之前成绩就不是很好，所以，我特别想带领更多的孩子去体会我那种从成绩不好到以高分考进川大的感觉，你介意田老师问你一些学习相关的问题吗？”获得万亿的允许后，我们开始聊天。

“听说你对学习一点兴趣都没有，为什么呢？”

“老师，学习有什么用呢？”

“于老师而言，我之前读书是为了考入好大学，找份好工作。”

“老师你说得很对，我爸他们公司确实有很多名牌大学毕业生，我再大一点可以去管理他们。”

“哇，你有这么高的平台太棒了，不过进入大学之后，我就发现读书学习，真不只是为了找份好工作，它还有更大的价值，它能提升我们思考问题的能力。比如吧，你爸爸的公司有员工反映工资太低，不安逸，你怎么办？”

“我就给他们加工资呗。”

“说这个问题的只有一些员工，另一些并没有讲，你要加多少才会让他们满意呢？而你的决定又会让企业成本增加多少呢？”

“这些我倒没考虑。”

“其实，读书就有这种提升人思辨能力的作用。比如，你学了心理学就会知道，有人抱怨工资低，也许不是真的工资低，这可能只是他的一种感觉而已，或许是因为他自己的花销很大，钱不够用，也许是他的朋友从事其他行业工资很高导致了他的不平衡，所以我们可以先确认一下这是否是事实，调查一下行业普遍情况，然后了解自己公司的薪酬水平，这样就知道如何做决定了。如果你学习了人力资源管理，你就会知道我们可以通过绩效考核培训来激发出他更多的潜能，让他赚更多钱。当然，如果你学习了其他方面的知识，你还可以从其他角度去解决这个问题。我想，你的爸爸可以从无到有挣出一份家业，如果你立志学好回去继承家业，凭借远高于常人的平台，你一定可以让你们的家族事业笑傲于行业。这是多么有成就的事呀！”

“田老师，我担心太晚了学不好。”

“哈佛大学校图书馆馆训写得好啊：当你觉得为时已晚时恰恰是最早的时候。你介意让田老师讲点知识测试一下你现在的学习进度吗？”

那次我选择了高一函数求定义域的重点之一——抽象函数求定义域问题。“我讲的这个主题很难，你们班现在只有不超过10个人会做，我们定个小目标，通过5个例题掌握这一类题，任何时候你觉得你掌握了就让我出题考你。”第一个例题讲完，孩子兴奋地说：“老师，我听懂了，请出变式题。”我变了一下之后，万亿的思维依然“卡顿”了一下，我又回到第一个例题再解析了一次，孩子猛然开窍，成功地搞定变式题。我继续鼓励他：“我讲了一个例题你就快要会做了，要不我再给你讲一个例题？”“老师，不用了，请直接出题考我。”我又出了一个题，万亿轻松解答了，我也很意外：“哇，你居然说你不会学习，你很有潜力，回到学校你就可以炫耀技能了，你一定是富二代中最会学习的人，完全可以征服学习，将来一定能带领你们家族事业起飞！你愿意跟老师一起努力吗！？”

那天回家，万亿的姑妈给我打电话，特别开心地说道：“田老师，万亿可喜欢你了，你讲的知识他完全能吸收，并且他告诉我，他要为了让家族事业发展得更好而学习，太感谢你了！真希望你能一直教育他、影响他！”

其实，在对万亿的教育中，我的作用非常有限，最关键的是孩子的初心被重塑了：一开始他只觉得学习无非是为了读好大学找好工作，而这些他根本不用读书就能获得，后来他发现了原来学习还可以有更大的价值，还能令人有成就感。他的初心一变，行动自然更坚定有力了。

三、学会在“该生气时”控制情绪

我们在生活中经常会说出这样的话，“这个事太让我生气了”。在成长的道路上，我也曾以为让我们生气、让我们情绪失控的是事情本身，但是后来，我慢慢发现这种认知的恐怖之处，它无形中让我们放弃了“选择平和”的权利。而权利只要放弃，就将彻底失去，那时，我们不但无法主动用情绪牵引未来，相反，我们的人生很大程度还会被情绪推着走。

在我刚开始以一名家教老师的身份教学的时候，我经常面临着一个问题：学生不完成我布置的任务，并且有好多话学生即便听了也不照做。每当此时，我就会本能地生气，我相信那时我的学生也能够感受到我的愤怒和失望，而一旦被愤怒失望的情绪所裹挟，我应对这种问题的能力就会急剧下降，学生往往更加难以完成任务，更加听不进去我的话。后来，我发现这种问题并非偶然，它普遍存在于学生群体之中。我痛定思痛，平心静气，开始思考为什么会这样，该怎么解决。我发现，当我情绪平和后，处理问题的思路竟如泉涌。我不禁感慨，生活给我们制造的问题和麻烦真是我们进一步成长的机遇！学生不完成任务，不听老师的话，都是我研究教育的绝佳课题。

有一次，我给一个高二班的学生上数学课。这个班的情况略显复杂，学生既有来自籍田中学的，又有来自华阳中学的，还有来自中和中学的。此外，各个学校学习的进度与内容也有些许差异。不过，这些学生的共同点是即将迎来半期考试。作为老师，我需要指导他们接下来的复习方向。

“各位同学，接下来马上就将进行会影响你们一周左右心情的半期考试了，为了更好地准备这场考试，我们本周有一项任务：我们需要把A内容、B内容重新做一遍当作复习，所有人收到任务请举手，举手的同学就可以离开了。”

布置完任务之后，我就知道下周来的时候一定会有学生没有完成任务，而我不能被学生没有完成任务的情况牵动情绪，一定要把握这个机会教育学生，更多地关注他们为什么没有完成。

一周过后，同学们开心地回到了我的课堂。在正式授课前，我请完成任务的同学举起手，一半左右的孩子把手举了起来，另外一半却不好意思地低下了头。然后，我请完成任务的学生挨个儿分享他们完成任务的理由。

有的孩子讲道：“因为这是老师布置的任务呀，老师布置的任务当然要做。”有的孩子讲道：“因为我们要准备半期考试，老师划定了复习范围，为了考更高的分数当然要完成任务啦。”还有的讲道：“因为是老田布置的任务呀，在学习方面听了老田的话我进步很大，老田的任务当然要完成呀。”

接着，我又请没完成作业的同学来回答这个问题：你为什么没有完成任务?

有的孩子讲道：“我在学校太忙了，忙得没时间做这个任务。”有的孩子讲道：“我回到学校就忘记了我还有这项任务，今天到了后飞才想起来。”还有的讲道：“因为老田布置任务的时候说过，为了更好地复习半期考试我们要完成这项任务，当我们突然得知考试范围发生改变时，我们的复习方案就可以做出调整。”

听完所有学生的分享，我把非常关注布置任务理由的几个孩子叫了起来，说道：“同学们，这几位同学中有人完成了任务，也有人没有完成，但是他们都有一个共同的特点，即关注为什么要做。如果你自己都不知道为什么要做一项任务，你为什么还要坚持呢？我们不是麻木的机器，我们是有血有肉、有灵魂的生命，我们是要创造未来、创造奇迹的生命体，我们需要关注行为背后的动机，而今天这几位同学用他们的思考给我们上了很生动的一课，学习应该使我们变得越来越有思辨力，越来越关注行为背后的动机，所以我们应该感谢他们，感谢他们把这么生动的一课带给我们。让我们把最真挚、最热烈的掌声送给他们，感谢他们给我们带来思想上的启迪。”

我认为，人在平和的情绪中才能找到解决问题的绝佳方式，而要让自己更好地控制情绪，只需要在自己的大脑中加一道开关：不是遇到开心的事情所以开心，而是遇到开心的事情我选择开心；也不是遇到难过的事情所以难过，而是遇到难过的事情，我选择难过或者平和甚至开心。只要把控好这道情绪的开关，我们就可以自然地激发解决问题的奇思妙想。

当然，我们也可以选择生气，只要你能控制愤怒的情绪不被其左右即可。

2015年，我教授过一个高三的毕业班。这个班的孩子学习习惯都比较差，甚至连最基本的时间观念也没有。在开课的第一天，我组织班上同学花费了大量的时间共同制定了班级公约，其中就包含了对迟到的惩罚。当然，这些孩子不出一天就会违反约定，而我心里也开始计划当这个公约被打破时我该怎么教育他们。

一次10：00的数学课，我9：58到教室，里面空无一人。当时间到了10：02时，方有一群人姗姗来迟。我早就设想好，这个时候必须得让学生感受到我“愤怒”的情绪。我一声厉喝：“站好！看一下墙上的时钟，现在是几点几分！？”一群人很小声地讲道：“10：02。”我又喝道：“几点上课！？”学生回答：“10：00。”我几步并作一步走到墙边，取下时钟，直接往地上摔了个稀烂：“我们班不需要这个时钟了！这个时钟没有尽到它应尽的职能，它就只是一个摆件！留它何用！”这群孩子全都呆住了，都没有想到我会因他们迟到了两分钟就勃然大怒。我继续说道：“这个钟不是摔给你们看的，是摔给我这个无能的老师看的，我接受不了作为一个老师教出来的学生没有契约精神，昨天定下的规矩今天就可以不遵守，我更接受不了自己教出来的学生因为契约精神的缺失而在未来的人生里损失大量的机会！我没能力教好诸位，抱歉。我可以在一个月里让你们把整个高中数学的知识学两遍，然而这对你们人生的长远发展有什么用？只有你们成为更好的自己，这些知识才能真正发挥作用。反思一下自己吧，想通了，再来找我，今天的课不上了。”

说完，我头也不回地离开了教室。一踏进办公室，我立刻就开心地笑了，心想：“小兔崽子们，跟我斗，怕还需要十年功力，我就不信把你们的时间观念和契约精神建不起来！”约莫半节课的时间，孩子们一起来到了我的办公室，交给我100元钱：“老田，可以请你重新帮我们买个时钟吗？我们知道错了！”一番谈话下来，我发现这些孩子确实有了刻意约束自己遵守契约精神的意识。事后我也在想，如果当时我本能地生气，把他们臭骂一顿，结果会变成什么样。我很庆幸，那一刻，我是选择了生气，我认为，缺失某些观念和意识的孩子需要在犯错的时候感受到一些让他们不安的情绪，于是，我调动那些情绪进行了这一场教育。

多年之后，那个班的孩子还会时不时地回来找我聊天。每次聊到“摔时钟”事件，都特别感激我把“契约精神”和“时间观念”这两个词植入他们心中，而且植入得那么生动。每当关键时刻，那个画面总会在他们脑海中弹出，鞭策他们成为更好的自己，成为有“契约精神”和“时间观念”的自己。然而，我自己最清楚，我之所以能够设计一些剧本帮助孩子养成良好的品质，不过是因为我始终没有放弃选择情绪的权利，而学会掌控情绪，解决问题的思路就会自然而来。

四、后飞的力量，唤醒梦想和快乐

关于“天道”的思考

何为天道?

我极力地从脑海中搜索，自己是什么时候与天道这个词结缘的。所有的记忆都把我拉回了学生时代课堂上张贴的格言“天道酬勤”。我曾对“天道酬勤”存在偏见，在自己人生失意的复读时光，我怀疑并否定了“天道酬勤”，连带把教我“天道酬勤”的老师也一并打入了“冷宫”。而今天，我却特别想谈谈“天道”。

我们的“道”可以分为几个层次：第一层次的“道”叫人道，第二层次的“道”叫天道。所谓的人道就是人类在探索大自然的过程中总结出来的经验及智慧，所谓的天道就是大自然固有的经验及智慧。人道与天道越接近，我们就会越接近大自然固有的频率，就能更好地与自然、与其他生命共存。

其实理清楚这两个道的关系之后，我们就不难发现：地球只是宇宙中很小的一部分，人类只是地球上很小的一部分，天道是我们的立身之本，你看或不看，它都存在于那里。在学习高中生物遗传信息的知识时，我忍不住惊叹：大自然太伟大了！在那么漫长的岁月中，生物进化的每一点微小的改变都被记录在基因里，而基因在选择性表达的过程中就把这个物种在进化史中的智慧全部表现出来了。大自然并不自满，它非常谦卑，不会固执地认为凡是自己的作品都是完美无瑕的，所以，它又设置了一个进化过程中的准则——优胜劣汰，如果作品不完美，就会被直接“回炉”。我从事教育行业后，发现每一个伙伴都会从自己的经历中得到感悟，但是对一家企业而言，这些智慧其实是很难从一个点辐射到整体的。今天一个人在这个地方犯的错误，很有可能明天另一个人就在另外一个地方犯。这个时候我不得不再度惊叹天道的伟大：自然之中，一个小到肉眼看不清楚的基因就能直接传承几百万年的智慧，并且还保障了这种智慧不断升级，不断适应新的环境。

我也终于明白了一个道理：在人类进化的上百万年里，我们改造自然的能力，我们更好地与自己相处的能力，我们更好地与其他生命相处的能力以及其他一切我们需要的能力，都已经被大自然植入我们身体最深处。

后飞的力量

在成长的道路上，我们发现一种神奇的力量。这是一种永恒的力量，它藏于每一个人内心深处，我把它叫作“后飞的力量”。这种力量自带一种向上与打破束缚的牵引力。每个人对未来都有所期许，与那个期许中的状态相比，我们现在一定是落后的，但是每个人又都是不甘于落后的，总会朝着自己的目标飞翔。而这种不断地追求超越的人，终将成为“后起之秀”，一飞冲天，而促使这一切发生的力量，就是后飞的力量！

还记得8年前第一次给所有老师开动员会时，我讲到了后飞的力量：

各位后飞的伙伴们，非常开心能在此时此地，给我们所有的后飞伙伴做这么一个分享，在这里我要隆重地宣布“后飞教育”成立了。在成立之初，很多人问我：“老田，我们为什么要做教育？我们干得过新东方么？”今天我来回答一下这个问题。在我们公司注册成立的时候，新东方已经上市了。从财富上来说，我们也许永远无法超越它，我们不得不承认我们非常落后。但是就跟我们在座的诸位一样，大家觉得自己已经是人中翘楚的请举手。我看没人举手。那继续，大家要为成为人中翘楚而努力的请举手。对了，我们绝大部分伙伴都举手了。我们承认我们的落后，但是我们不甘于落后，我们要以飞一般的速度去超越。后飞教育亦是如此，而这种后飞的力量就是让我们不平凡的力量。

我也曾给我的学生们展示过后飞的力量。

有一次我从达州出差回来，凌晨5点多才到成都的家里，8点开始我就要给高二的学生上数学课。在床上眯了一小会儿之后，我兴奋地冲到学校，迫不及待地与孩子们分享了一些故事：

同学们，老田非常感谢大家，如果不是你们那么喜欢上我的课，我不会在昨晚9：30刚刚结束达州的课就坐绿皮火车朝成都冲，当我到家时已经过了5：00，想到这么多孩子想上我的课，我居然兴奋得睡不着觉了。感谢大家帮老田逼出了潜能，能借你们的双手给优秀如你们的我鼓鼓掌么？

其实，来上课之前，我还在犹豫要不要给大家分享一下，是什么力量让老田昨晚9点多从达州坐7个小时左右的火车跑回来上课，并且此时此刻还兴奋不已。现在我决定，如果有很热烈的掌声请田老师分享，我就把给我无穷动力的能量分享给大家。

（掌声响起来）

后飞发展7年了，我们一直都没有向外扩张，因为我们认为外部发展的根源在于内在的丰盈，是从教学到服务再到管理的丰盈，而这个过程会花费我们很多的时间。今年恰好有个机会，一些达州的伙伴非常热情地邀请后飞去达州发展。我觉得是时候展示后飞的力量了，后飞的力量就是：当我们与认定的目标相比发现自己很落后的时候，我们不甘于落后，我们要有以飞一般的速度去超越的力量。每每想到此，我就会充满无穷的能量。而今天大家放弃周末休假时间来到老田的课堂不正因为如此么？大家也有一个目标，与目标相比我们暂时落后，但是我们也在为目标努力，我想我们应该把身上这种“后飞”的力量扎根于内心最深处，让这种力量支持我们前行。作为后飞的掌门人，我更得从自己做起，身体力行。所以，我虽然只睡了不到两小时，但现在依然活力满满。让我们一起朝着自己的目标奋力飞翔，好不好！？

（掌声）

唤醒心底的梦想和快乐

2017年，后飞到川大招聘，我回到了自己大学时所在的学院。在与学院的领导聊到创业的话题时，我得知与当年我们毕业时很多人争相创业的情况不同，今年学院没有一位同学创业，而且毕业生在找工作时最关注两点：一是薪酬要高；二是离家要近，如果离家很近，薪酬低一点也可以。那一刻，我的内心久久不能平静。我想现在大学生已经很少被物质条件束缚，倘若这种时候他们的精神再匮乏一点，其对未来的设想基本上就是离家近一点，轻轻松松过一辈子罢了。我不免深思：后飞教育是否可以从源头上就开始介入，在我们的教育体系中把“梦想”和“快乐”这两个现在很多孩子都缺失的东西唤醒？

当然，作为教育者的我们深刻地知道：没有梦想的老师，教不出有梦想的学生！

与其对学生无数次地谈梦想，鼓励他去寻求梦想，不如在其成长的道路上，不断地分享自己的梦想、自己的逐梦经历。这种感染力可以很轻松地唤醒孩子们深埋体内的梦想。在后飞的面试体系中，有一项全国最独特的面试内容——梦想面试。我们会帮助通过一轮面试的应聘者用1周左右去梳理自己的过去和未来，然后在梦想面试环节来向我们的“梦想面试官”分享自己的梦想。我们见证过很多人分享梦想，有的人让我们感动到流泪，有的人讲出来却毫无力量感，但是通过梦想面试进入后飞的伙伴都有一项能力——用自己的梦想启发听众的梦想，而无论是否通过面试，参加过后飞梦想面试的老师，都发自内心地感谢我们给了他一个机会去审视自己的人生，也让他更明确自己内心深处的渴望。

老师们通过梦想面试后，又会在设计部的配合下做出自己的梦想版图，在周例会上分享，并接受后飞其他伙伴的“梦想助力金”。后飞的每个伙伴都在不断地见证彼此的梦想一个个实现。再回到课堂上，我们惊奇地发现，这个做法的效果通过孩子们的成长得到了验证，比起培训老师如何教学生做一个有梦想的人要好太多。

2016年暑假，一个叫梁开元的孩子通过其表姐介绍从重庆巴蜀中学来到后飞学习。一开始我发现孩子的心思完全不在学习上，通过向孩子家人询问得知，这个孩子初中时成绩非常好，中考以690多分考入重庆升学率数一数二的巴蜀中学，但是进入高中之后，他就陷入了迷茫：他觉得一群人每天被关在教室里，朝着所谓的高考分数努力很压抑，因而不愿意再学习，成绩下滑之后就被家人安排补习，而补习班的气氛让他更厌恶学习，这一次也是勉强来到后飞的。看到孩子的这个情况，我心里可乐开了花，这不就是后飞最擅长解决的问题吗？只要让孩子体会到因梦想而努力的快乐，自然可以解开他的心结。

在进行前期的学习准备时，我直接让开元住进了我家里。我主动找他聊天，忍不住先表扬了他的思考力与行动力，他能不去做自己都接纳不了的事，相比于大多数孩子只知道为了学习而学习，他没有那么盲目。接着，我分享了自己从2007年高考败北到2008年复读考入川大再到创业的经历，分享了我对学习的看法。那一次，我看到开元眼睛里闪出的光，我知道他的心正在慢慢地接纳学习这件事。

次日清晨6点，我约了开元晨跑，从家到学校总共3千米的路在我们脚下缓缓向后移动。跑完步，我问开元有何感受，他回答："累但是感觉很畅快。"我告诉他："的确，累但是很畅快，而如果这个事能被你坚持得更久，你会更累但是更畅快。普通人很难坚持做一件事，他们往往只想得到畅快却逃避辛苦，我一看你就不属于普通人，你在等待机会，一旦你的心灵苏醒，你就会跟后飞的精神无比契合。高中落后了2年，你该展翅飞翔了。能邀请你挑战连续跑步吗？即使在没有我陪跑的日子也不断去让自己的意志更坚强。"很庆幸，开元同意了，在接下来的日子里，只要没有下雨他便能坚持跑步，我只需不时地关心一下他的心路历程即可。

而接下来开元的学习亦可谓是一帆风顺。当10天的培训课程结束，整个高中数学的重难点都在谈笑中"灰飞烟灭"，开元也给了我极大的震撼：课堂上，他那么专注，时而眉头紧锁，时而会心一笑；课后，他那么迫切地想知道后飞每一个老师身上的故事，总是缠着他们聊天；他每天一大早就背上书包兴致勃勃地冲去学校，而晚上我在家里处理工作时，他就静静坐在我身旁完成当天的习题任务，逮着我的空档还会主动聊起他所憧憬的未来。

离开那天，开元没有当面和我道别，他悄悄地走了，给我留下了一封信。信上说，他不敢跟我道别，他怕自己会哭，他太喜欢后飞这个地方，他从没有想到学习居然可以这么快乐。我也没有来得及当面告诉他："其实，你给我的震撼更大，我带过晨跑的孩子不止一个，你是坚持最久的，你爱思考的特质带领班上的孩子也变得爱思考，我还没来得及谢谢你。"

开学后不久，我收到了开元的QQ消息，他非常开心地告诉我："田老师，上学期期末考试的数学题那么简单，我也只考了89分，这次我却考了132分，简直不可思议！我在说服爸妈给我请长假，我想在后飞全天候学习所有高中课程，过段时间我们就会再见哦！"我刚开始以为这不过是句玩笑话，我从没有想过会有学生放弃赫赫有名的"巴蜀中学"的学习机会而选择来后飞上课，没想到开元直接先斩后奏来到了成都。我想，知识方面后飞的老师都没有问题，开元的学习积极性又这么高，不如让他试试看，想来结果必不会差。之后，每次重庆进行全市模拟考试，开元就坐火车赶回重庆，考完了再奔回成都，中间也会遇到考试不理想的情况，但在这一路的磕磕碰碰中，开元开心地追逐着他的梦想。高考结束，开元以超出重庆重点线100多分的成绩考上了北京科技大学。

所有老师都开心得无以复加，这一次，我们证明了，先让孩子爱上学习，再教孩子知识技能的顺序是对的。"教育培训"这个行业的名字取得多好呀，先进行教育，唤醒孩子们心底的梦想，激发孩子们灵魂深处的力量，让他们接受甚至渴望学习，然后再进行技能培训。如此，孩子们的成长也会更加快乐。

于我个人而言，我收获了一个人才，一个对后飞爱得如此真切的人才。2018年寒假，开元以助教老师的身份重新回到后飞极训营的课堂，很多孩子在他的帮助下获得了新生。我想，他未来极有可能成为传承后飞百年使命的重要人物。而一个立志“做中国最受尊敬的百年教育公司”的企业，倘若没有一大批在此受过教育并心心念念想要回到这里工作的孩子，那么它的使命终将是空谈。

五、真正渴望，真实拥有

稻盛和夫先生的《活法》和张德芬女士的《遇见心想事成的自己》都谈到了“心想事成”的秘诀。对“心想事成”我也深有体会，它让一些美好的事情发生在我的身上，也让一些不好的事发生在我的身上，从而让我更加深刻地认识了那来自宇宙又植根于每个人内心深处的力量。

伴随着后飞教育的成长，我有幸在面试中听到了很多人的梦想。但是，有一个问题一直困扰着我：为什么有的人在分享自己的梦想时我会特别受感染，会发自内心地相信他的梦想一定会实现；而有的人分享梦想时，我却无动于衷，甚至会在心里默默地给这位面试者扣分。我为什么会产生这样不同的情绪反应?

在见到更多的面试者后，我逐渐发现，那种能一下打动所有人的求职者都有一个共同的特点：在讲到梦想的时候，他们仿佛看到了自己已经实现梦想的图景。而那一刻他们充满了欣喜，那一刻你能感觉到他们的真挚。非关别人的期望，也不需社会的肯定，他们单纯地想要不顾一切地实现自己的梦想，他们会冲破所有阻碍梦想实现的因素，他们会感激所有帮助其实现梦想的人。

在后飞，也有这样一位让我印象深刻的求职者，她的名字叫赵悦。面试时，她恳切地讲述自己的梦想，直把自己说得眼泪汪汪，让所有的面试官沉浸其中。包括我在内的面试官都特别激动，这个小姑娘虽然才毕业，但是将来一定能成为为后飞做出巨大贡献的人。果然，赵悦在入职后飞的第16个月，就从最基层的一名老师成长为后飞中和校区的负责人，从行业的小白成长为独立带领团队的校长。最重要的是，在她的带领下，中和校区团队秉承着后飞一贯的理念，把团队紧紧地凝聚在了一起。我相信我们一开始的感觉不会有错，在后飞完成使命，“做中国最受尊敬的百年教育公司”的道路上，赵悦必将做出巨大的贡献。

同样，也有很多面试者，我在听完他们的梦想分享后会直接扣完他们的面试分。有的人谈到自己的梦想时，声称是因为家人希望他们怎样怎样，或者他们从事这项工作会获得其他人的认可；有的人甚至为了应付我们的梦想面试而生硬地“挤”出来一个梦想，而他自己一点都不认为“人活着真的需要梦想”。

曾经，一个伙伴来后飞面试时说道：“我的梦想就是做一名优秀的老师，因为我妈妈觉得做一名老师会比较有面子，而且社会上对老师也很认可。”那次面试结束，我们几个面试官聚在一起，人力部袁老师说：“我觉得不能让他通过，一个连自己梦想都没有的人，怎么会有开拓创新的内动力呢？”市场部老师很奇怪：“他的梦想不是当老师吗？”我说：“那是他妈妈的梦想，那是社会给他的梦想，如果有一天他遇到挫折选择放弃，他甚至连责任都不用承担，因为都是他人的问题。”最终，为了验证我们的看法是否正确，我们给了那个伙伴进入试用期的机会。果然，在入职第一周，他就被其他人影响，决定改行了。

我认为有三个检验法则，可以判定你脑中所想是否能有所成。

第一，你所想的是否是你内心深处真正想要的。如果你所想的皆出自外在因素的考虑，那么很难“心想事成”，因为即便你没有追求到你所想的，也没有什么关系，你已经找到了外在因素这个“背锅侠”。在我们对所追求的东西都不负责的时候，又怎么能得到追求之后的成就感呢？而成就感才是牵引我们一直追求的无尽动力呀！

第二，当这个梦想刚刚出现在你的脑海中时，你是否会异常兴奋，想要与身边所有的人分享你看到的“未来蓝图”。2018年，我参加了一个培训，有幸现场聆听了共和国演讲家彭清一先生的演讲，并从他的演讲中得到了无穷无尽的能量。彭老先生一生致力于爱国主义的宣扬，通过这次演讲，我仿佛知道了我该如何带领后飞这一群人更好地实现自我价值，我在自己的生命历程中又应该做点什么事情。课程结束，从彭山回成都的路上，我给7名后飞高管、2位挚友和2位师长分别打电话分享了我的听课感受，并描绘了我们的蓝图。大家都被我说得热血沸腾，我更是非常有幸地吸引到了我心目中的“天造之才”（这里出于隐私保护，就不实名了）助力我们计划启动的“教育公益”项目。

第三，你是否会轻易放弃你的的梦想。当后飞第一次说出自己的梦想时，很多人不信任、不支持。那时候我不明白为什么会这样，现在逐渐明白，每个人都逃不过一个行为范式——拿自己的经历去评价别人的梦想。除非你在谈论自己的梦想时所面对的听众是一个有过类似经历并取得成就或突破的人，否则你很难听到支持的话。但是，请不要放弃，请永远牢记梦想是自己的事，他人的怀疑否定只是你追梦路上的一道屏障，他人的嘲笑与否跟你的梦想本身和你追求梦想的行为没有内在联系。当后飞将梦想坚持了8年之后，旁人逐渐由不信任变得“认可”甚至极力推崇。但这个时候我们依然要注意，不要太在意这种溢美之词，还是要谨记“梦想是自己的”。如果今天你把坚持梦想的动力寄托于别人的赞美，那么明天他们停止赞美，你的梦想就有倾覆的可能。最后，走过嘲讽，经过赞美，我们依然知道自己真正想要的是什么。如此，回首一生，我们可以再铿锵有力地读一遍保尔·柯察金的话：“人最宝贵的东西是生命，生命属于人只有一次，一个人的一生应该是这样度过的：当他回首往事的时候，他不会因为虚度年华而悔恨，也不会因为碌碌无为而羞耻。”

最后，我想分享一个关于“心想事成”的案例。2012年，我看到了一个叫王国权的老师所做的励志演讲，我开始在心里想象，有一天我也能站在很大的舞台上做励志演讲，我越想越具体，仿佛听到了学生的鼓掌与欢呼。我告诉团队：“我们也去公立学校举办励志演讲吧，并且还要收他们的钱！”那时候，大家一边倒地反对：“老田，这个想想就行了，毕竟我们是做课外培训的，公立学校怎么可能邀请我们去演讲嘛。”我力排众议，并与团队立下赌约。因为我相信一点，如果我们的励志讲座能解决学生在学习道路上遇到的问题，并且让做决定的人知道我们能帮助学生解决这些问题，那么这个事情就是可以办成的。最终，2012年，我们成功走进了双流中学、棠湖中学、棠湖外国语学校、华阳中学等国重、省重学校，并收获了一大堆好评，更有班主任老师写诗称赞我们。2013年，棠湖外国语学校成立了一个清北班，但是班上有一些孩子自恃聪明不肯用功，棠外联系我们给这个清北班专门开设一堂个性化的励志方法课，那也是我们第一次收到讲座酬劳——1000元。后来，我们又陆陆续续地举办了一些公益讲座。现在，我们的讲座已经正式定价为1万元/场～5万元/场，而我也站上了很多不同的舞台。回想这段经历，一开始无非就是自己内心真的想要做这么一件事情，通过努力，这件事情真的做成了。

六、自卑的力量有时胜于自信

在成长的道路上，很多人都会问我：“老田，为什么你那么自信？”这个问题总让我无从答起。事实上，我压根儿不认为自己是个自信的人，相反，我经常会自我怀疑。但是当身边几乎所有人都说我有一种迷之自信的时候，我也开始思考，自己何以给身边伙伴带来这种感觉？最终，我发现一个惊人的秘密：这种“迷之自信”其实来源于我的自我怀疑。我时常自我怀疑，连一些非常简单的问题都会反复地逼问自己。

我工作努力吗？这样一个简单的问题曾经长时间地困扰着我。

打心眼里讲，我一点也不认为自己工作努力。稻盛和夫先生提出了六项精进指标，其中一项是“超越所有人的努力”。当看到这项指标时，我非常震撼，同时也深感羞愧，漫说超越所有人的努力，我连自己都不曾超越。我有时会工作状态不好，效率低下；有时会给自己规定午休半小时结果直接睡过一小时；有时给自己定个6点的闹钟计划早起工作，却赖床到8点以后才起来……这些点点滴滴总让我陷入深刻的自我怀疑。后来，两件事触动了我，我开始觉得，也许自己真的已经很努力了。

第一件事情，是我在朋友圈看到好些朋友在晒“努力”：“早上8点进办公室，晚上8点才离开，做一个努力的自己真好！”那一刻，我瞬间就懂了点什么，原来早上8点进办公室，晚上8点离开就可以被称为努力了，那我应该算是一个努力的人了，因为很多时候，我会从早上8点工作到凌晨一两点，而在晚上12点之前结束工作的情况非常少。

第二件事，是老婆对我的一顿发飙：“跟你在一起一点意思都没有，你看看，和你在一起散步聊天有哪一次不是聊工作？也只有跟你聊工作、聊未来，你才会聊得眉飞色舞，我们就不能有点不聊工作的私人时间吗？”那一刻，我自是非常羞愧。确实，这么多年来，基本上不管老婆想不想听，我都一个劲儿地分享工作，虽然我知道她其实本来是喜欢和我聊工作的，但是两人在一起永远只有一个话题是多么让人难以忍受的一件事。由此，我也默认了自己是一个工作努力的人。

但是，当我跟很多人谈努力的时候，会谈得完全不一样。为了实现我的梦想，为了实现后飞的百年梦，我明明应该以更多的时间、更高的效率投身事业，然而我并没有做到百分之百的投入，我也最终明白了一个道理：与要实现的梦想相比，我永远配不上努力这个词；而与其他人对工作的投入相比，我基本上还是可以用努力来形容自己的。

今天你有多不自信，明天你就可以有多光芒四射！

很多孩子在跟我交流时总会问：“老田，我是一个非常不自信的人，老是会怀疑自己做的事不对，我该怎么办？”我只有一个建议：“办法非常简单，回家准备鞭炮为自己庆祝一下。我要恭喜你啦，你即将变得比你身边那些自信的人还要自信、还要从容。一个人怎么才能知道自己做的事对还是不对呢？我想时间会给我们答案。而很多事并不是做了立刻就有结果的，比如说努力对成绩的影响，几乎不太可能这周努力下周就能看到收获，那是不是我就可以宣布努力无用了呢？当然不能。当你持续努力，你会发现更多超出自己期待的美好降临。同样的道理，一个不会自我怀疑的人，他的自信是盲目的，唯有经历过自我怀疑的人，当他的怀疑被攻破之后会产生一股发自灵魂深处的自信。我也曾怀疑过努力是否有用，在经历了那种深入骨髓的怀疑之后，当我再次坚信‘天道酬勤’的时候，我给别人的感觉是完全不一样的。所以如果你是一个不自信的人，你是一个会自我怀疑的人，那也意味着你会是一个从骨子里透露自信的人。所以，回去买鞭炮放一下吧！庆祝之后带着自己的不自信继续上路，不断地追寻答案，直到发现自己的自卑纯属杞人忧天，然后，那股灵魂深处的自信就会破茧而出。”

人物小传

田波 出生在广安某偏远山村的我，很幸运地在学习的道路上一直奔跑。曾经为一个高学历、一份好工作，我奔跑了近20年，而后却发现幸运的人会遇到一个东西，一个值得自己花一辈子为它奔跑的东西，于我而言那个东西叫梦想。它也许永远实现不了，却引领着我一路上快乐地追寻。做一个快乐的追梦人，我在路上。

学习履历

◆降龙村降龙寺小学

◆中心镇中心初中

◆广安友谊中学

◆成都棠湖外国语学校（复读）

◆四川大学（本科）

成长路上获得的身份标识

◆四川大学记忆协会创始人

◆四川大学e联盟主席

◆后飞教育创始人

◆后飞教育高中数学导师

◆后飞极训创始人

◆成都棠湖外国语学校学生生涯发展导师

◆达州广播电视台《名师有约》特约嘉宾

人生格言

我不知道为何而生，但我知道为何而活。

附：未来狂想

“十年上市路，铸百年匠魂”——后飞教育2029年敲钟美国纽约

2010—2018年，踏踏实实做教育，不为金钱折腰，后飞坚决不上市

后飞初创时，我把联合创始人聚集在一起，进行了一场激情澎湃的演讲：

伙伴们，今天，我们将踏入神圣的教育行业，我们将踏上一条通往伟大的路。教育行业是引领各个行业良性发展的根本行业，如果教育做得好，我们的科技将会更好地发展；如果教育做得好，我们的国民生活将会更幸福；如果教育做得好，我们的食品行业将会更安全；如果教育做得好，我们将会对我们的下一代更放心。

虽然，在我们创业之初，这个行业不仅有新东方这样已经成功上市的巨头，还有很多我叫不上名字，但体量、资历都远胜于我们的机构，但是请记住，如果单凭体量和资历就可以论英雄的话，那么强大的秦国又是怎么灭亡的？它不是最早统一中国的吗？教育机构的发展不在于当下你拥有多大的体量，而在于你对人性、人心、历史和未来知晓多少，在于你在所知晓的范畴中行动了多少。这也给我们指明了未来发展的方向：我们不要去过度关注新东方在做什么，不要过度关注我们的对手在做什么，而要去关注我们的学生，关注他们在成长过程中遇到了什么问题；要

去关注我们的家长，关注他们在引领孩子成长的过程中遇到了什么问题；要去关注我们自己，关注我们在成长道路上是否遇到了这些问题、是否解决了这些问题。凡欲救人者，必先自救。各位都曾是高考千军万马中的一枝独秀，无论智商、情商还是胆商皆出类拔萃，所以，希望大家把精力放对了方向，假以时日，我们定能让对手望尘莫及。

今天，我也要告诉各位，后飞未来不会是一家上市公司。在我现在的认知范畴中，上市无非就是为了得到助推公司发展的资金。在做教育的路上，我们的钱会来自我们的客户，来自我们教授过的学生。试问，在未来的某一天，你自己遇到一家教育公司，它完全懂你，懂你的孩子，它能让你和你的孩子具备获取幸福的能力，让你孩子的学习潜力得到更大的挖掘，你会忍住不给它投资吗？只要我们专注于自己的教育事业，一切资源都将向我们倾斜。此外，我知道很多公司上市的目的纯粹是集资，股民一波一波地被“割韭菜”，既然我们选择教育，那么这种事情我们是断然不可为的。

教育是一个在自我救赎的过程中帮助他人的事业，大家一起集中精力做更好的教育，做到我们忍不住为自己鼓掌的程度，我担保我们在发展中永不缺钱。

当我回想起这段经历，回想起自己那时单纯的想法，不禁哑然失笑。因为上市公司非常赚钱，因为很多股民被上市公司“割韭菜”，就定下了公司不上市的目标，着实草率。其实，细细一想就知道，只要公司是为了一个更纯粹的目标而不是圈钱才上市，难道上市还能改变其初心不成？

2018年11月1日，立志做“中国最受尊敬的百年教育公司”，为上市而战

2018年10月29日至11月2日，我有幸参加了一个名为“商业真经”的课程。说来也真是缘分，有一天，我在朋友圈看到了一条尼克·胡哲要来成都演讲的消息。尼克·胡哲是我学生时代的精神导师，曾激励我不断努力，他来成都演讲，我无论如何都要去现场见一见偶像。报名缴费之后我才知道，这其实是“商业真经”的培训课程，在课程要结尾的时候尼克·胡哲会到现场来。我抱着学习的心态来到培训现场，着实被“真经”了一把，培训现场居然有4000位各行各业的企业家。能和这么多优秀的同仁一起学习，我的状态也被激发出来，每天早上7点从家里出发开车到彭山学习，晚上11点左右回到家，然后整理笔记到凌晨两三点。但是特别神奇的是，自己居然一点都不累，每天都非常兴奋，开心得像个孩子。我把自己整理的笔记发到学习群内，竟被其他伙伴任命为“记笔记大使”。我欣然接受了这个职位，也因之结交了好几个企业家朋友，当然我的幸运远不止于此。

在培训过程中，我见到了一位导师连续几天在讲台上授课，帮助在场的企业家从“道”与“术”的层面进行提升；我见到了共和国演讲家彭清一老先生用他的生命诠释了何为爱国，让在场的伙伴无不燃起强烈的爱国热情；我见到了虽然四肢严重退化，但直到因为踢球受伤住进医院才惊觉“原来残疾是这种感觉”的尼克·胡哲。当然，我也看到周围的企业家朋友被讲台上的导师，被彭清一老先生，被尼克·胡哲影响，而变得坚定有力。

我曾问自己：“田波，你要怎么做才能帮助更多人获得追求幸福的能力，帮助更多学生拥有追求梦想的勇气，帮助更多孩子以更高的效率学习呢？”

经过此次培训，我知道自己需要做到两点：第一，以更高的标准要求

自己；第二，搭建一个更大的舞台。我曾经对着几百上千人演讲，如果我能把舞台扩大几十倍上百倍上千倍，就可以实现自己的愿望。那一刻，我内心深处出现了一个坚定的声音：“后飞要上市，我们要把这个舞台搭在最高的地方。”那样，我们才能让更多的人看到我们；那样，我们才可以影响到更多的人，帮助他们活出更幸福、更精彩的人生。

目标既定，11月1日晚上，课程一结束，我就给后飞的管理层和支持后飞发展的师长朋友们一一打去电话。我兴奋地告诉他们后飞的过去和未来，分享我内心的激动。我第一次觉得从彭山到成都的距离是那么近，电话还没有打完就已经把车开到了停车库，我又站在停车库打了半个多小时的电话，相信那时接到电话的伙伴也同我一样激动不已，因为后飞的未来已然被重新描绘，而这个未来值得我们每一个伙伴为之奋斗一生。我想，垂暮之年一定会被孙辈追着询问这段奋斗故事的起点。但是，接下来我还是很惶恐，一家立志做“中国最受尊敬的百年教育公司”的企业，如果10年后我们成功上市了，又靠什么去支撑这家公司走完接下来的80年呢？

2019年1月，昼夜苦思，定有未来，十年上市路，铸百年匠魂

后飞的使命是做“中国最受尊敬的百年教育公司”，而上市是福是祸犹未可知。一方面，上市会扩大后飞的影响力，每一个后飞的伙伴以及后飞这家公司一定会在这场征途中凤凰涅槃。但另一方面，一旦完成上市，伴随着财富的爆炸式增长，我们的心是否也会跟着膨胀？这会对我们接下来近80年的路产生不好的影响吗？很长一段时间，我都十分焦虑，因为我知道，只有保持一颗平静如水的心才能做好教育。

经过冥思苦想，我终于悟到了上天的旨意：创业本来就是一场修行，对于百年后飞来说，上市阶段也仅仅是它的青少年时期，但青少年时期形成的三观往往会对人的一生产生巨大的影响，所以我们应该把握好这一段征程，为后飞铸“魂”，而这个“魂”就是匠魂。于是，我又召集了伙伴做了一场分享：

各位后飞的伙伴们，过去8年关于后飞是否以上市为目标这个问题，在创业之初我就讲过，后飞绝不上市，教育者绝不应该以圈钱为目的去成就自我牺牲他人，这是我们做教育的底线。我同样也讲过，后飞只要专注于自己的梦想，各种发展所需的资源就会向后飞倾斜，今天，事实证明确实如此：达州广播电视台专门为后飞开辟了一个教育栏目《名师有约》，让我们的声音能传播得更远，我们背后也有很多投资人准备投资。只是因为我们还没有整理清楚如何具体细致地构建我们的教育天地，所以拒绝了这些投资。马云当初是真的被30多家投资机构拒绝，而后飞的今天是真的拒绝了10多家投资机构。我们这家教育公司必将伟大，我们每一个人也必将被历史铭记。

当然，时代在改变，我们每个人的认知与格局也在改变，因为不改变就意味着不成长，同样我们不上市的方略也在经历很多之后发生了改变。在一次学习课程中我见证了“舞台的魔力”，在那个舞台上有4000余名企业家同场学习，在那几天的课程里，我见到了尼克·胡哲，见到了共和国演讲家彭清一，凡是参加了这个课程培训的人，无不对国家有了更诚挚的爱，对未来有了更坚定的期许。试想一下，如果我们要改变更多的孩子，按我们一个班12个孩子算，我们一个老师能教授100个孩子已经相当不错了，而4000个孩子需要多久我们才能影响并帮助到呢？也许是一辈子，但是他们只用了5天。所以，我们唯一的不同就是我们搭建的舞台不够大。因此，我们要把后飞教育的正知、正解、正念传播出去，去帮助更多的人，让更多的人更热爱我们的祖国，让更多的人能有更大的勇气去追逐属于自己的梦想，让更多的人拥有无论在顺境还是在逆境都能获得幸福的能力。为了实现这些目标，我们可以上市，只要公司上市我们就能搭建起一个巨大的舞台，我们每一位都能使人生价值更大化。所以，我们在不断精进自己、帮助他人的同时，还得盯着上市目标去努力了。我们计划用10年来缔造一家上市教育公司。

但是，我们是立志做百年后飞的教育公司，即便我们上市了，百年后飞也才走完1/5的路程，什么东西可以支持我们完成百年伟业呢？我最近一直夜不能寐，苦思冥想之下终于悟透了这其中的天道：十年上市的这一历练是我们为百年后飞铸魂的绝佳时机。“十年上市路，铸百年匠魂”，只要公司有了“匠魂”，我们不愁百年伟业不完成。那么什么是“匠魂”呢？我想从我自身谈起。

在刚以家教老师的身份进入教育行业的时候，我买了一本《五年高考三年模拟》和一本题库，硬是把两本加起来近1000页的教辅资料梳理了一遍，并依据内在解题逻辑对书里的题目重新进行编排，整理出100多页的资料。今天，后飞高中数学教材的OPCM（一页秘籍）就是由此修正完善并精简浓缩而来的。我想那种为了让自己能够更好地把握考试，给学生带去更高效的解题方略而日以继夜的刷题行为就是一种匠魂。

当我第一次教授初升高衔接班课程时，我彻夜未眠，内心十分惶恐，因为担心自己的字写得太丑影响孩子们听课，我在家里的小黑板上反复地练习第二天的板书。但我的字仍然很丑，丑得只能勉强认清楚写的是什么内容，我束手无策，坐在书桌前苦思冥想：我要怎样才能不让自己很丑的字成为影响孩子们学习的障碍甚至成为让孩子们直接退我课的原因呢？快到天明时，我依然没有什么办法，最后，我想：真诚地向孩子们道歉，或许能够获得原谅。

第二天，在上课之前，我首先给孩子们分享了自己高中时的学习经验，分析了高中数学如何才能学得更好。在开始写板书之前，我向孩子们表达了歉意："同学们，老田要开始带领大家进入集合的世界了，但是进入之前我要先给大家道歉。十多年前，我并不知道自己这辈子会当老师，那时的自己甚至是下定决心坚决不当老师的，所以我没有刻意去练习板书，以至于我的字写得非常丑。倘若当时我知道今天和大家有这么一段缘分，我一定勤于练习，让最漂亮的板书映入你们的眼帘。实在对不起，但是我可以保证你们是能认清我写的内容的。如果你们觉得可以尝试一下适应老田的字，请鼓掌回应我一下，不然我没有勇气在黑板上写下第一个字，昨晚为了这个事我已经彻夜未眠了。"当我讲完这席话，教室里响起了热烈的掌声，并伴随着鼓励的声音："老田，请大胆地写，再丑我们都认。"课后，学生们围着我的字开心地聊天，还帮我出谋划策如何把字练得更好。看着孩子们的笑脸，我终于放下了心中的那块石头。那一届孩子和我的感情十分深厚，除了一个回到浙江老家的孩子，其余的学生都一直跟着我学到了高中毕业。事后，我也在思考，也许那次为了消除字丑可能带给学生负面影响而彻夜未眠，不断在黑板上写了擦、擦了又写的精神也是一种匠魂。

在接下来的教学生涯中，每节课后我都会对课堂教学进行复盘，内容该怎样布局，线条该怎样穿插，文字是否该用重音，书写该用红笔还是蓝笔，反复论证推敲，现在我能敏锐地把握板书的颜色、布局，老师的声音对学生学习成效的影响了。我想，如果后飞的每一位老师都在自己的教学岗位上不断用心捕捉并解决学生遇到的每一个问题，那么“十年铸匠魂”就绝不是空谈了。

再后来，我发现不止是教学岗需要匠魂，公司的各个部门、各个岗位都需要匠魂。我想，匠魂实际上是一种从灵魂深处升起的，让自己自发地思考如何对所做工作精益求精的原始驱动力，是一种把自己所涉及的工作做到完美的驱动力。当然，我们很多其他部门的工作已经体现了这种匠魂。比如我们的教学总监宋莉老师在提出“家长辅导日”的方案时，一个字一个字地敲定任务，每晚与家长沟通到深夜，根据反馈不断地调整方案，这是一种匠魂。比如我们市场部的张奎老师，面对其他机构无理抢夺我们的市场资源、撤换我们的宣传广告伞的行为，反复琢磨如何捍卫公司利益，最终文斗武斗齐上，捍卫了市场部的尊严，捍卫了这个社会的诚信体系，这也是一种匠魂。比如我们前台的老师，一直琢磨如何让校区变得一尘不染，让物品变得井然有序，这也是一种匠魂。不过，这些还不够，我们需要将工作做到连自己都忍不住为自己鼓掌的程度。在这个过程中，我们夜以继日地思考，我们日以继夜地行动，我们沉淀下来的智慧就是这家公司的匠魂。

“十年上市路，铸百年匠魂”，让我们携手为荣誉而战！谢谢大家！

2029年11月23日，后飞教育在美国纽约证券交易所敲钟上市。纽约，我们来了！

从2010年11月23日注册成立到2029年敲钟上市，这间公司的创始人站上舞台，开始了他的分享：

今天我想给所有朋友分享几点后飞成长路上的心得，这并不代表真理，只是我和一个团队成长之后的感受。

第一，人活着就要有感恩之心。不要觉得你的生命中没有可以感恩的人或事。30年前，我只是一名农家子弟，在成长过程中一直很自卑。20年前我考入了四川大学，非常幸运地和高中时班上的超级学霸曾云辉再次成了同学，大学时我一度带他去了广安，准备把广安牛肉卖到成都来，可惜失败了。我还带他做过家教，侥幸获得了小小的成功。一个月黑风高的晚上，我和曾云辉正聊得天花乱坠的时候，他突然非常郑重地对我说道："你知道马云吗？我感觉你体内的那股精神能量和马云非常像，你未来一定是干大事的人，甚至是颠覆行业的旷世之才。"那一刻，一股暖流淌遍了我的全身，一个农家子弟居然得到了自己敬佩的班长这般的肯定，而且他并不知道马云正是我的偶像。我在开心之余告诉自己，人最辜负不起的是信任，我不应该辜负班长的信任，我也应该向我的偶像马云学习，干什么不要紧，只要是大事就行。同样，今天我们选择在纽约敲钟，也是因为我的偶像马云先生的阿里巴巴曾在这里敲钟。班长对我的肯定我铭记于心，并且一直心怀感激，但凡我们班长有用得着我的地方我一定涌泉相报！

第二，专注于你的梦想，幸运自然会来。在成长路上，我发现很多人习惯根据他人做什么来决定自己做什么。请谨记你为什么要追求你的梦想。如果是因为必须跟他人一样，那么现在放弃还来得及；如果纯粹是因为有一种魔力在牵引你去追求，而你愿意为之疯狂，愿意为之与全世界战斗直到孑然一身，那么请大胆地去追求吧。若能如此，无论顺境逆境你都能得到幸福。

第三，成功者并不是因为成功了讲话才正确，而是因为他们把握了成功的规律和“道”。10年前我邀请了一些好友共同撰写了一本名为《不成功人士的成功秘密》的书，我们那时想证明这个观点，所以在自己梦想没有实现的时候就开始整理人生，寻觅成功的蛛丝马迹。我们也坚信我们一直恪守其道，成功必然来到。比如，10年前我们就知道今天我们要在美国纽约敲响上市的钟声，10年前我们就知道10年的上市路会为一家立志做百年教育公司的企业铸就匠魂，19年前我们就知道未来有一家教育公司会经百年而不衰。今天我们还是要说，不是我们成功了讲什么都对，而是我们秉持其道，所以必然成功。我也建议大家去买这本《不成功人士的成功秘密》，不成功时讲的话往往比成功时讲的话更有启发意义。

愿逐梦路上，你我携手同行！

极限训练风靡全国

学科极限训练营将会火遍全国：每个学生都应该有一次令人难以置信的自我突破

一个人要从完全不自信变得非常自信，从这也不敢做那也不敢碰变得敢为梦想发狂，到底需要经历些什么呢？

我在大学时期，曾到亲亲志成家教中心应聘却在面试环节被淘汰，一个偶然的机会，凭借一个寒假不足一月的表现，被任命为这个家教中心的人力负责人。当老板龙哥把机构收到的一堆简历交到我手上时，我看到了自己之前投递的简历上赫然写着“淘汰”两个字，瞬间有点小人得志：“看吧，面试时你们看不上我，结果我在这么短的时间里就成了你们的人力负责人。”我甚至想去找之前面试我的人“兴师问罪”。但是随后，我内心深处充满了无尽的悲凉，于古人讲的那句“千里马常有，而伯乐不常有”心有戚戚。那一次，我告诉自己：“田波，忘掉那个自卑的自己吧，你没有什么好自卑的，长得矮一点不过是生命的一种形态，你自己不在意便没人会在意，你一定是被上天赋予了特殊使命，是为干大事而来。也不用再秉持着曾经所有人告诉你的观点，‘读书是为了找份好工作’，只有自己创造出来的工作才是最好的工作。今后别再让别人面试你了，别人对你说不行，你还差点真以为自己不行了。”

在后来的工作中，我陆续遇到很多困难，每次感觉快要撑不住的时候，灵魂深处都会升起一个声音：“田波，在面试中被淘汰却又做成主管拿到自己简历的人寥寥无几，你注定是要干大事的。只有在挫折与困难中，你才能把心志磨砺得更加坚定。这样一个磨砺自己的好机会，你岂能放过？”就这样，在不断地克服了很多困难之后，我发现无论自己目前的实力是否足以解决当下的问题，我总会有一股子和问题对抗的倔脾气，越大的问题越能激发出我的战斗力。

后来，我接触到了一个心理学上的名词“马太效应”，其意简言之就是“强者越强，弱者越弱”。一个强大的人在经历打击时会越挫越勇，迎难而上，当困难被解决之后他会更相信自己的能力，他的思维与能力都会越来越强；一个不强大的人在面临困难时会告诉自己办不到，进而在什么都还没有做的时候就成功预言了失败，他的思维与能力也会越来越弱。如果不是大学时那个偶然改变了我的想法，让我开始相信自己未来必大有可为，必将战胜一切困难，我大约也会把自己包裹起来，进入“弱者越弱”的循环。

有很长一段时间，我特别沉迷于思考一个问题：我们教育工作者是否能让孩子、家长体验一次所有人都无法相信的事发生在他们身上的感觉，哪怕一次就好，一旦被自己的潜力震撼，未来遇到困难时或许就会像当初的我一样，无论结果如何，都会多几分坚定去为自己的梦想行动。

一次偶然的机会，我找到了答案。

2016年8月13日至15日，新加坡的ADVO教育集团的两位管理者，Ken和Yewkiin带领团队给后飞教育的伙伴开展了一个完全颠覆我想象的培训课程——生命课程。我曾经奔赴新加坡学习，那时候Ken反复给我讲述梦想和快乐的教育，我只听得眉头紧锁，无法理解他在讲什么，只是礼貌性地称赞他讲得对。但是这次的生命课程让我彻底理解了他一直以来想要向我传达的教育理念，也明白了为什么他们会成为新加坡教育市场的独角兽。

3天2夜的生命课程结束之后，我的心久久不能平静，我曾经苦思冥想的要让不可能的事、所有人都不信的事发生在学生身上的难题快要有答案了。深思熟虑之后，我用了整整两周时间，每天早上7点起床就开始设计课程，一直到凌晨两三点，整个人脑海中全是预想出来的课程画面。那两周，我把过去6年积累的高一数学的资料、从新加坡团队学过来的OPCM（One Page Concept Map）系统、生命课程的核心元素全部融入了课程，并制作了课程道具、OPCM册子、配套的习题册、课程流程表。现在回想起来，那种激动的心情依然难以平静。

完成之后，我召集我意向中可以为本次课程服务的助教团队宁欢欢、周鹏、大王、吴光银等一干人，召开了课程的发布会。

我："各位后飞的伙伴们，一款跨时代的后飞教育课程产品出炉啦！很快我们就将见证这款产品的魔力，它将颠覆整个行业，给学生们带来难以言表的震撼。我们现在需要招收16个学生作为幸运儿参加到本次课程中来，课程将会花3天把整个高一上学期的内容全部放入学生脑海中，即使平时不及格的孩子也可以见识到，自己能够用3天考到120分以上。现在，这个招生任务就落在大家身上了。"

说完之后，我没有看到想象中众人激动不已的场景，大家一脸茫然，教室内沉默得可怕，最终宁欢欢打破了僵局："老大，你说的这个我自己都不相信，怎么去招生呀！"

我一下愣住了，不过很快就反应过来，这真是天赐良机，看来一件不可能的事、所有人都不相信的事出现了，也只有如此，接下来的成功才可能带来那种震撼，我也调整了思路。

我："鉴于大家都不相信，我觉得这个事情就有价值了。你们都不相信平时考试不及格的孩子3天可以突破，那么孩子就更不信了，但是，如果这个事情真的发生在他们身上，会不会让这些孩子产生巨大的震撼？未来他们会不会变得更自信？本次我们招生就只收1元钱，但是我们对报名的学生有几个要求：第一，孩子高中的所有考试均不能及格；第二，孩子与家长同意，如参加课程取得突破我们有实名广告权；第三，家长必须参加我们的家长培训会和结课分享。"

宁欢欢："老大，真的只收1元钱么？"

我："这还有啥真的假的，只收1元！"

宁欢欢："我有个闺蜜，她弟弟刚好高一，在仁寿一中读书，她老是给我说她弟弟数学不好得很，进入高中后成绩一直不及格，我让他来报名了哦！”

我：“请他填一份课程申请问卷，如果没有特殊情况，他应该可以通过选拔。但是你不能告诉他，他得到名额的机会很大，因为课程不收钱，必定会有一大波内部学生及他们的朋友来申请，我们一定要选择珍惜机会的人，你让他认真准备努力争取。”

2016年12月31日晚7：00至2017年1月2日上午10：00，一种在整个中国大地上从未出现过的课程激情上演。17个高一数学从不及格、谈数学而色变的、极度不自信的学生经历了一场涅槃，他们在一群老师的带领下创造了一个“不可能”的奇迹。这个跨时代的课程在最初招收生源时要求报名的学生高中数学历次考试均不能及格，而这3天的蜕变则让每一个见证者相信：人的潜能是无比巨大的！当那17个孩子踏入教室时迷茫疑惑的眼神变得坚定，当一开始死寂的课堂变得活跃，我们就预感到这次课程一定会带领中国教育培训行业从重培训转向重教育。培训改变技能，教育改变人心，当受教育的人开始变得积极、变得快乐的时候，技能的教授也会变得更为容易。

3天的课程让所有参与者懂得了一个道理：明白了人生，数学自然不在话下。当孩子们开始懂得感恩时，亲子关系就由紧张变得缓和，而良好的家庭关系一定可以让学生的心思更专注于学习。当孩子们开始感知到“学习是简单的，高分是容易的”时，他们就不再畏难，看到原来所谓的“难题”也就敢于思考、乐于思考了。当学习过程不再只依赖自身，身边的伙伴们开始主动帮助自己时，自己也会乐于分享自己所获，敢于发表自己的观点，学习就变得更温情快乐了。当孩子们在结课分享上讲到“今天不是一个结束而是一个全新的开始”时，主动学习就变得更持久了。当一群怎么考试都不及格的孩子考到142分的高分时，曾经的自我怀疑就不值一提了。

神奇的事情接踵而至。本次课程中，我们从华阳中学高2019届3班选择的陈倩、王言、董月3个孩子，在此之前，他们所有考试都不及格，在1000来人的年级中排名偏后，但是在课程之后的期末考试中，王言考了101分，陈倩考了103分，董月考了90多分，鉴于那次考试难度很高，这样的分数已经让他们进入年级前200名之列了。从此，3班开始流传后飞教育有一位神一样的老师，于是一群人慕名而来，这个40多人的班级里近30人都成了我的学生。现在回想起来，我仍然非常开心，在带给孩子们“不可能”的同时，他们也把另一层面的“不可能”反馈到了我的身上。

凡所经历，皆成性格，性格又能成就一个人的一生。如果一个人经历过一次极速成长，那么他就不会再给自己设限。我希望，在未来，我的孩子田金宇在成长的道路上也能亲眼见证“不可能”的事发生在他的身上，如此，他会变得敢想敢做。

在后飞成功举办的6期极训训练营中，很多孩子都感慨道：“曾经一个学期都没有学懂的知识，居然3天就豁然开朗；一个寒假6天5夜，连衣服都没有晒干，居然可以把整个高二的数学知识学完！”我相信这些震撼的感觉一旦被迁移，孩子们会发现上天赋予自己的能力，并且不会辜负这种能力。

好的课程应当被推广：各种极训如雨后春笋般涌现

我们相信未来会有更多教育同仁参与极限训练的相关研究，很多懂教育的同行会竞相模仿我们的课程。今天市场上只有“后飞极训”，明天各种极训必将风靡全国乃至全球。那时，一场别开生面的会议将应时而开。

市场部："老大，现在市面上各种极训都出来了，怎么办？那些大机构也斥巨资进入这块市场了，我们该如何应对？"

我："去查一下他们做得怎么样，如果有做得不到位的，去约谈一下他们的负责人，我们专门开设一门帮助培训老师教授极训的课程，帮助他们把极训做得更好。"

市场部："他们做得更好了，不会跟我们竞争吗？"

我："教育行业没有我们的竞争对手，我们所有从业者都是在为学生更好地成长而努力，他们做得更好，未来就有更多孩子成长得更茁壮，我们的国家就更强大，后飞自然也更强大。退一万步讲，如果我们今天不把他们培养得更优秀，我们也会止步不前。我们需要有危机感，而危机感可以由我们自己来制造。如果他们都能超越我们这个开辟极训先河的团队，那说明我们堕落了，我们该以更高标准要求自己了。去收集一下市场情报吧！"

在中国的某个角落，一群参加了某个机构极训课程的孩子正聚在一起聊天。

小A："想出这种课程模式的老师，脑洞太大了，我平时在学校学习，基本上都在打瞌睡，今天上午我为了帮助我们团队赢得积分，居然超级专注地盯着老师讲的每一个题，根本停不下来呀。"

小B："可别说了，我倒是帮我们团队赢了很多获胜的机会，奈何天公不作美，赢的机会居然在运气大PK环节直接被抹杀掉了。本想领先一程稍加放松，看来这根神经只有绷到课程结束了。"

小C："之前老师们宣传这个课程的时候，我还觉得他们太吹嘘自己的团队了，亲自体验之后，只能说这个团队太强大了，让我也觉得自己是潜力无限的人了。”

后飞实验学校应运而生

人类最擅长撒的谎就是：“你不行！”这种谎言会从你身边的人传递到你的身上，并随着时间的流逝从“你不行”变成“我不行”。

在10年的教学生涯中，我接触的很多孩子都是人们眼中的“后进生”，我在心里叫他们“后飞生”。我发现他们很多人的沉沦都是从有人告诉他“你不行”“你根本不适合学习”“你笨得跟猪一样”开始的，而他们的崛起也是始于遇见了那个看到他们身上潜能，并带领他们证明那些否定他们的人眼光是多么差的人开始的。

2016年，我第一次走出国门，到了新加坡。在对比了两个国度学生的学习时间和学习成效之后，我被深深地震撼了，我能感觉到这两种学习效率有着天壤之别。在与ADVO教育创始人探讨交流的过程中，我发现造成这惊人差异的根本性原因是“主动”与“被动”的区别，重要原因则是方式和方法的不同，但是具体的操作我还拿捏不准。后来，我有幸参加了ADVO团队的生命课程，那一次的课程让我豁然开朗，我开始思考，如果在学科知识的学习上，也有一种模式能让学生的学习积极性空前高涨，再结合我们前6年对知识的梳理和ADVO的OPCM课程思想，那我们将给学生的意识带来多大的影响呢?

从2016年11月开始，我花费两个月的时间梳理出一套融生命课程元素和学科知识元素为一体的极限训练课。那时候，我非常兴奋，我想无论是底子多差的学生都会在这个课程中发现完全不一样的自己，都会开始变得自信。我发动了身边的一切资源开始招生，并且只招收那种高中数学历次考试都不及格的学生。那时候我们的口号是“3天突破120，没有什么不可能”。但在一开始，我们就遭受到了打击，我的团队成员竟无人相信这个课程会达到预期效果。我立即调整方案：3天只收1元钱，从内部学生和他们的辗转介绍做起。很快就有50多名学生来申请课程，我们把平时考试有过及格情况的孩子直接排除了，盲选了17位孩子，他们最近3次考试的平均分是64.5分。

迄今为止，那次极训课带给我的震撼仍记忆犹新。

2016年12月31日晚上6：50，孩子们排队走进教室。当我看到这17张生面孔时，我发现他们都特别惶恐，我激情澎湃的宣讲也没有获得预想中的热烈回应。更夸张的是，当我尝试表扬一个名叫骆倩的孩子时，她脸上竟然流露出一个不屑的表情，仿佛在说：“想欺骗我很有潜力，可拉倒吧，我不信。”那时候，我给自己定了一个目标：通过这3天的课程，我一定要让你把那个不自信的微表情收起来。结果，课程进行到第二天下午的时候，17个孩子都变得非常积极，在课堂上争先恐后地回答问题，相互帮助学习，也不再怀疑自己是否能学好高中数学。在3天课程结束的总结会上，17个孩子全部绽放出自信的笑容。更令人惊喜的是，孩子们回校的那一周刚好碰上了周考，那次考试，王言考了138分，舒薪禧考了142分，我们一开始亮出的口号被孩子们实现了。我们一个叫宁欢欢的员工一开始压根不相信这个课程，在我们调整方案只收1元钱时她仍将信将疑，恰巧她某个朋友的弟弟刘攀完全符合招生条件，参与进了这次课程，并在期末考试中崭露头角，考到了135分。从此，欢欢被我们开发的极限训练课彻底征服了。

再回首，不难发现：数学的学习是很容易达到优秀水准的，但是消除孩子的心魔，让孩子主动学习才是困难所在。想要通过一次极速成长彻底提升孩子的学习能力是不可能的，但我们能够改变孩子的意识，当他不再畏难的时候，当他开始主动学习的时候，当他不惧挫折的时候，再通过学习过程中一步步的加强和巩固，其学习能力就会得到根本性的提高。

在成都，每年中考结束后，能进入普通高中的考生基本上只有一半，能进入重点高中的学生更是少之又少，其余的考生基本上只能进入职业高中，而即使是中考的佼佼者也只有不足40%能读到大学本科。我们真的要让那么多学生带着对自己学习能力的怀疑度过接下来的人生吗？

我在教育的路上走得越久，就越认同李镇西先生所持的观点：名医以治疗疑难杂症而出名，名师如何能以教优等生而出名呢？在经历了我们的极限训练课后，在看到孩子们的巨大蜕变后，我内心深处一直有一个声音在呼唤：去创办一所私立高中吧。

那所学校有个好听的名字：后飞实验学校。在那里，只有中考落榜的学生才有资格填报这所高中。在那里，有一群老师，他们坚信奇迹，他们相信每一个中考落榜的孩子都是上天赐予他们最美好的礼物，他们看得到这些孩子身上的巨大潜能，相信这些孩子都将是未来各行各业的精英人才。在那里，他们击掌欢笑，他们犯错成长，他们获得第二次机会。在那里，每个学生都会经历从自我怀疑到自我相信的蜕变，他们都会深刻明白，从自我怀疑走向自我相信，我们得到的自信的力量会更强大。在那里，孩子们自由地梦想，开心地创造属于自己的未来。

一场用生命演绎的演讲悄然来临

2012年3月，我在川大念大四，机缘巧合下，我踏上了演讲之路。我的每次演讲都会收到很多孩子的热情点赞。他们告诉我，我是他们接触到的最激励人心的高考励志演讲大师，他们能从我身上得到来自灵魂深处的力量，进而继续追求自己的高考梦。那一刻，我发现演讲真的可以改变教育。我非常清楚地知道我为什么站上舞台做演讲，因为那些高中生在迷茫困顿的时候需要有过来人分享经历与感悟。当然，我也知道自己为什么那么受学生喜欢，因为我丰富的经历（既有以异于常人的努力换来的2007年高考败北的结果，也有通过复读让成绩暴涨，把一颗不那么聪明的脑袋训练到可以在高考拿到140分的经历），因为自己不断地总结，因为那股子不服输的拼劲和一些比较好的学习方法。那种站在舞台上演讲的感觉让我找到了价值感，我开始发自内心地渴望舞台，渴望给更多人带去帮助与改变。

在双流中学、棠湖中学、棠湖外国语学校、华阳中学巡回演讲完毕之后，我脑中突然闪过一个念头：我希望这一生能有一场受众超过10万人的演讲。这场演讲也许是在鸟巢举行，也许会通过电视进行直播。在这场演讲中，所有的受众都会先跟着我欢笑，然后跟着我愤怒，接着跟着我沉浸于无尽的悲伤，最后归于平静，我在没有一丝掌声和杂音的氛围中离开。我知道，这场演讲要举行，恐怕需要我用一辈子的时间去准备，从年少轻狂到垂垂老矣也不一定能准备充分。唯有活得精彩才可能讲得精彩，我为了这个讲座，时刻拿最高的标准来要求自己。

2018年，我有幸聆听了共和国演讲家彭清一老先生的演讲。作为被毛泽东、刘少奇、邓小平接见过的共和国演讲家，他讲的每一句话，他的每一个动作都深深地打动了我。听完老先生讲爱国，我泪眼婆娑，内心的爱国情怀也被彻底点燃。我震撼于老先生在90岁高龄、双腿残疾、一只眼睛失明的情况下还在舞台上给年青一代讲述他的家国故事，震撼于他把自己的全部热忱贡献给了这个国家。那一刻，我再次想起了那个我想用生命去演绎的演讲，我希望在生命的最后时刻能有机会站在讲台上，分享我与我的学生们，我与后飞伙伴们的二三事。

那一场演讲开始时，我的人生应当也活得比较精彩。而那一场演讲之后，我想很多人会从中得益，会更好地教育下一代。

未来的某年某月某日，在一个可容纳上万人的会场内，一位老态龙钟的老师朝着舞台中央徐徐走去。在这位老师的一生中，他非常幸运地遇见了他没有想过会遇见的人，经历了他没有想过会经历的事，也听到了他没想过会听到的故事，最后活成了他所期待的模样，遇见了他所渴望的自己，也遇见了他心心念念的世界。此刻，他已经站在了舞台的中间，开始了他的演讲。

“各位现场的朋友们，今天非常荣幸能站在这个舞台上，也非常感谢各位能来到现场，让我有机会分享我这一生的见闻和感悟。我曾经站在很多舞台上做分享，我深知每一个舞台的来之不易，我深知每一个舞台下面的观众有多么的求知若渴，站在舞台上的人唯有尽自己最大的努力，用自己最真挚的一面去面对观众，才能不辜负观众的信任，才能无愧于自己的内心。为了这个分享，我准备了30年，这些许的人生感悟并不是关于我如何成为一个大众意义上所认定的‘成功’人士的，而是关于我如何成为一个幸福的人的。我想无论身处顺境还是逆境的你，听了我的分享之后，都可以成为幸福的人。

“首先，我想分享一个多年前曾分享过的感悟，人活着就要感恩！我看到身边的很多人都已经学会了感恩。朋友在自己失意时候的一句鼓励，让我们懂得感恩；师长兄弟一句关切的责骂，让我们也懂得感恩。但我想说的是，看得见的我们该感恩，看不见的我们更该感恩。从小到大，我只知道自己生活的土地，从广安到成都再到全国各地，但是很长一段时间我并不知道国家到底是什么。直到在一次宴会上，我看到了我的好朋友，时任洛阳税务局局长的张亚磊先生跟财政局的领导热烈地讨论怎样扶贫攻坚，我才第一次认识到了，原来没有哪一种成长与稳定，离得开背后一群人的付出与努力。国家、国家，我们能直接看到的是家，而家的背后就是国。今天，大家能很安稳地在这里听一个老人讲他的生命感悟，不用担心自己的生命财产安全受到威胁，那是因为我们有一个强大的祖国；今天，大家能专注于自己的梦想而不被柴米油盐束缚，那是因为我们有一个富足的祖国；今天，大家能见证身边一群群的追梦人在追梦之路上高歌，那是因为我们有一个包容的祖国。这个看不着摸不着的祖国承载着我们每一个人的梦想与希望。感恩我们看得到、摸得到、听得到的，也要学会感恩我们看不着、摸不着的。

“成长路上给我们庇护的爸爸妈妈，我们会感恩；那些幸福快乐的经历，我们会感恩；带给我们鲜花与掌声的观众，我们会感恩。同时，成长路上的风雨，我们也得感恩；那些遭受挫折打击的经历，我们得感恩；带给我们嘘声倒彩的观众，我们得感恩。我问过很多人一个问题：你喜欢痛吗？几乎所有人都回答不喜欢。但是，我们试想一下，如果上天把痛觉从我们体内拿掉，你会开心吗？我想没有人会开心，这种看上去在帮我们的行为实际上为祸不浅。如果今天你跑马拉松比赛不小心踩到一颗钉子，而你却没有痛感，我想你极有可能阵亡在赛道上；如果今天你正在狼吞虎咽享受美食，但没有痛感，我想你的胃也会在美食的诱惑下破裂。同样的道理，那些给我们带来伤害的经历，给我们带来伤害的人其实也是一种难得的存在，他们教会了我们哪些东西该引起警觉，提醒我们也许已经走在一条错误的道路上该止步了。很多年前，我对自己复读的经历耿耿于怀，觉得那是一件极其羞耻的事，不愿意跟人提起。但是再回首，我发现，如今后飞教育的股肱力量大多源自我复读时结下的缘分。人生就是这么妙不可言，每一段经历无论是令你欢喜的或是悲伤的，是得意的或是失意的，都有着很重要且积极的意义，都是我们人生的宝藏。只是当你选择逃避这段经历时，你就选择了扔掉开启这笔宝藏的钥匙。感恩一切经历，因为相比于已经不能继续经历的人，我们还可以继续经历。

“其次，我想分享反思……

“再次，我想分享梦想……

“最后，我想分享我们要时刻防止被助力我们成长的东西束缚……”

宋莉：跟随榜样，仗剑天涯

实现自己目标和梦想的人——成功人士

在接到田老师亲笔书写的邀稿函时，我的内心既激动又惶恐。激动的是，居然有机会可以实现儿时的梦想——出版书籍；惶恐的是，此书名叫《不成功人士的成功秘密》，身为不成功人士的我，又如何写得出成功的秘密呢？苦思许久，终于了悟："不成功"指的是当下、此刻尚不算成功，"成功"指的是未来，我的梦想——成为中国教育史上最有影响力的老师一定会实现，而成功的秘诀就隐藏在我追梦的路上。

在开始写作前，我必须要感谢田老师。感谢他的信任，感谢他相信我未来必定成功，感谢他给予的机会。同时，我也相信这本书会以其巨大的"魔力"帮助和影响更多的人。

一、选择大于努力

在成长的道路上，有很多人在思考一个问题，选择与努力谁更重要？就我自己而言，对于这一问题，我的认知在自己的从业经历中不断地改变。

在来到后飞之前，我刚刚辞去了龙泉一家中小学培训机构的校长职务。在那里工作的一年半里，从最初的装修、招聘、培训到后来的招生、授课、续费、转介，都是我在统筹和负责。每一天都是从早上9点开始工作，直到晚上10点甚至更晚才结束。上午组织老师们学习、备课，下午组织老师们练课、过课，晚上进行针对小学生和初中生的晚辅，记得有一次辅导一个初三的学生做作业到了晚上11点半才回家。此外，还要负责培训行政部、学管部、咨询部，准备自己的教学资料以及给家长做回访。

那段时间，我用自己的方式诠释了什么叫努力。我的头发以肉眼可见的速度变白；家人或朋友给我打电话，不出意外听到的都是："我在忙，回头再说。"

我竭尽所能，付出了当时可以付出的一切。然而一年半后，我还是决定离开，并毅然聘请了另一位校长。除了因为学校面积过大、市场工作等问题导致的盈利情况不甚乐观外，最主要的原因是我感觉身心俱疲。长期以来我都在不断往外输出知识、能量，却一直没有更多的新的能量进入我的体内。我当时感觉一直在教别人，而自己并没有学到新的东西。

当然，现在回想起来，那是一段很有意思、很有价值的时光，它全方位地锻炼了我的能力以及心态。我也相信所有的经历，都必有其存在的意义，待我们在将来的某一刻体会到。

但我仍深觉，如果没有得力的助手和志同道合的伙伴，工作是一件多么孤独和辛苦的事，而拥有潜心教育、可以共谋未来的伙伴是一件可遇而不可求的事。

我深深记得第一次来后飞面试的场景，那种初遇时的欣喜犹在眼前。

2012年9月20日，我见到了现在的后飞人力总监袁老师，我们一见如故。我被她的经历深深打动，也被"后飞"这个名字、后飞做教育的初心、后飞聚集起来的核心人才、后飞的历史和未来深深吸引。在决定投入这家教育公司的怀抱、把自己的一生交给这家公司之前，我又从多角度对后飞进行了全面了解。一个周末，我站在学校门口观察这里的人流量，当学校铃声响起，我看到一波波的孩子进进出出。我拦住一些孩子，询问他们为什么来这所培训学校学习。几乎所有人都告诉我，看到身边朋友在这边学得挺不错就来了。我想，一个完全靠口碑招生的学校一定不是寻常的学校，于是，我下定决心加入后飞。

加入后飞那天，那种欣喜的感觉更加强烈，我进一步了解到后飞由几位川大毕业生所创，他们满身才气、不甘平凡。创始人田波老师说道："很多培训机构的老师都因为考不进公立学校就先在培训机构待几年，伺机再考。但后飞的老师们不同，他们是压根儿不会考虑用体制束缚自己想法的，他们可以轻松考进公立学校却没人愿意去考。"我与老田在一个小小的咨询室聊教育的未来，聊彼此的梦想。老田声情并茂地讲述了他的经历、他的思考和他所看到的未来教育的蓝图。一般人讲未来需要极力思考，而老田在描述教育未来的时候，却给我一种感觉，仿佛他已站在未来，已身处那个理想中的教育王国。我的内心不禁跟随着他的描绘而激动不已。

我预感到我的未来会从这里扬帆，我这一生的荣耀会从这里开始，我一直以来想当超级老师的梦想也会在这里实现。如今，我在后飞已经工作了6年，从一开始的英语老师变成了华阳校区的教学主管，从华阳校区的教学主管变成了华阳校区的校长，从华阳校区的校长变成了后飞总部的教学总监。我的很多梦想已经在这里变成现实。

回首往昔，我想，我在龙泉时未必不如在后飞这般努力，但最后的结果却天差地别。究其原因，无非是选择大于努力，平台至关重要。遇到良好的平台，跟随有梦想且在不断为梦想拼搏的人，坚定不移地走下去，不论中途有多少困难或曲折，你终能收获所愿。

二、不忘初心

嘴与心脏的距离有多远？也许这是一段永远走不完的距离，但是一旦抵达，不可思议的事情也会降临到我们身上。曾经我告诉自己要“不忘初心”，有一天我身边的朋友竟然说：“宋莉，你是少有的没忘初心的人。”我开始意识到，或许，不忘初心已经快从嘴边走到心脏的位置了。

一天，和一位大学时期曾相约共同改变中国教育的同学聊天，她告诉我她已经离开教育行业去经商了。她说：“宋莉，坚持你的教育情怀和本心，你定不负行业。”

我不禁深思，教育情怀和本心，我真的有么？我只是曾经无数次地告诫自己，不要忘了自己唯一的梦想，不要忘记为什么要当老师。思绪慢慢飘回很久之前。小学的时候，老师身体不舒服，就让我踩在板凳上，在黑板上板书答案或笔记，那种通过自己的付出成就同学的感觉，我经久不忘。到了初中，老师去开会时，班里的自习课往往由我坐在讲台上维持纪律，安排学习任务。我有时也扮演一个黑脸的角色，这会让一些同学觉得不自由，甚至会让大家不太喜欢我，但当老师告诉我这样做是在帮大家更好地成长时，我便乐在其中。高中那会儿，我担任科代表，负责协助任课老师布置、批改、分发、评讲作业。当身边同学的各种错误和疑惑在我的帮助下得到纠正和解决时，内心那种舒坦的感觉让我欲罢不能。后来，我顺理成章地考入了心仪的四川师范大学。在一次微格课上，导师说："宋莉，你的台风怎么这么棒！你不应该是在读学生，而应该是教书多年的老师呀！你绝对适合当老师，而且会成为非常棒的老师！"导师的肯定犹如一股暖流淌遍了我的全身，我也相信，未来的我一定是一位了不起的老师，我会用生命点燃无数的生命，用梦想唤醒学生的梦想，用天真烂漫带给孩子们纯真快乐。

时至2019年，我已从事教育行业十余年，在后飞也已经工作了6年。正因为自己孩提时的教师梦，那种想要帮助更多孩子更快乐地追求梦想的原始愿望，我才会在成长路上把握一切机会去模仿一个老师要做的事，才能以更快的速度成长，也才能把那么多美好带入我的生命。那些来自家长和孩子们成长的欢乐，给了我无穷的动力去续写我的梦，一个单纯的教师梦，一个单纯的想要尽绵薄之力帮助更多的老师更好地教授学生，让学生在快乐与梦想的道路上越走越远的梦。

不忘初心的我，幸运地遇到了同样不忘初心的学生。这里，我想讲述我的一个学生黄栩滞的故事。我想做一个快乐的老师，给他带去温暖，给他逐梦的力量与勇气，让他可以坚定地走在逐梦之路上。

那年黄栩滞初三，我幸运地成为他的英语老师。他一直不喜欢学习，觉得学习太无聊、太压抑，但是那种错误的认识很快在我们共同为梦想努力的过程中改变了，他开始发现其实学习是一件有趣的事，学习也是逐梦路上不得不做的一件事。他的天赋很快就被激发出来，短短的半年，他就从讨厌学习、成绩不好的状态完成了逆袭，直接考入了成都七中。高三的时候，他又回到后飞学习，参加了老田亲自开设的数学极限训练课。结课仪式上，看着老师发过来的直播，我的眼眶不禁湿润了，黄栩滞的结业画面永远印在了我脑海里。

> 老田：“接下来领到后飞结业证的同学是——黄栩滞。他从初中就开始在后飞学习，而这一次他也完成了我们的极限挑战。让我们以最热烈的掌声有请黄栩滞。”
>
> 黄栩滞：“我非常感谢后飞，在这里我感觉特别温暖。我的第一个老师是宋老师，她就像妈妈一样关心我，除了宋老师，其他老师也对我关爱有加，这也是我到了高三还会回到这里的原因。就像我们大家所感知到的，宋妈妈让我第一次知道了学习是一件快乐的事，而老田这几天的课，更让大家深刻地感受到学习可以这么开心。6天5夜很快就结束了，虽然每天我们都进行了12个小时左右的学习，但是没有任何一个人感觉疲惫，而短时间内我们就能把高中数学的全部重难点过一遍，又是多么神奇！我们都是最棒的！未来的路大家要继续加油！”

倘若你不忘初心，就大声地讲出来。你会发现，你能影响身边更多的人，激励他们不忘初心，砥砺前行！

三、身边的榜样，源源不断的力量

小时候，我有过很多的榜样，我甚至立志成为像陶行知先生一样的大教育家，奇怪的是，我从这些偶像那里得到的力量总是来得很快，去得也很快，后面做教育久了，慢慢地就懂了其中的奥秘。原来，那些偶像所带给我的震撼因为隔了一种传播媒介“书籍”或“电视”，所以其震撼力有所下降。那时，我很渴望有一位榜样在我的身边，时刻影响我，让我遇见更好的自己。

机缘巧合下（其实我更喜欢称之为“冥冥中的天意”），我来到了后飞，遇见了后飞教育的创始人，而我期待的身边的榜样也悄然而至。

我的第一位身边的榜样是田波老师，他就像一盏指明灯，时刻照亮着通往未来的路。认识田老师的人都知道，他是一个浑身充满正能量的人。这么多年来，我从未听他说过一句抱怨的话，从未听他说过半个关于放弃的字。任何时候看到他，他都处于一种积极向上的状态，跟他High Five的时候，你可以清晰地感受到他身上强有力的仿佛能击穿未来的力量；互相问候的时候，他总是面带笑容，声音清脆热情，让人感到非常舒服；任何时候任何人带着难题去找他，他总是会静静地听你倾诉，然后说：“来，我们来分析分析。”之后会给出一通无比透彻的见解。他总会让我觉得，所有的问题都不是问题。他用行动告诉我，没有做不到，只有想不到。

身为公司的创始人兼CEO，如果你认为他只是偶尔来来学校，视察视察工作，听听汇报，指点指点，那你可就大错特错了。我最初之所以决定死心塌地留在后飞，就是因为被田老师的身体力行深深感动。

在任华阳校区校长的日子里，他承担着学校最重的教学任务，他的课最多，学生最多，高三晚课常常要上到夜里11点。而在这种高强度的教学任务之下，他还在大会上教育我们如何对自己的教学精益求精：

> 伙伴们，接下来我们有个很好的精进教学的机会，希望大家千万不要浪费。现在我们每人每天平均有8小时的课，而我自己一周7天，平均每天有10小时的课，一天之内我们可能会把相同主题的内容讲三四遍，但是不同的学生在课堂中会有不同表现，所以我们的侧重点、板书布局甚至活跃氛围的笑话也会不一样。这个时候我们的大脑是非常活跃的，如果我们把这种状态下产生的智慧收集起来，未来一定会更有价值。今天你只能帮助你直接面对的学生，当你的智慧得以沉淀，明天你就能帮到更多老师成长，他们将会在更短的时间内更好地帮助更多的人，而你我的价值自然就更大了，收入也更高了。大家要把握时机，须知，心中但凡有一丝等到6月份中高考结束之后再来整理的念头，你就是在拿自己的未来冒极大的风险，因为那时时间是有了，你的灵感却已经消失了，加油！

我原以为田老师只是说说而已，但亲眼见到他的努力后，我决定追随他前行。他经常在晚课结束后修改完善自己的教案，忙到凌晨一两点还不亦乐乎。一次高三晚课，我在前台值班到晚上11点40左右，学生们才全部离开，正当我准备关门的时候，田老师却让我先走，说他还要再整理一下当晚的课件。第二天早上8点，我到学校开门，当我把校区所有的门窗打开透气，再从田老师办公室前走过的时候，一个“蓬头垢面”的人从房间里走了出来。我当时惊得下巴都快掉在地上了，赶忙问他：“你难道在学校过夜了？”田老师很不好意思地说：“修改课件太兴奋了，一不小心就弄到了5点钟，后来不知道怎么就睡着了……”我心想：“天！怎么会有这样的人，居然住得这么近都不回家？这一定是教培行业最拼命的校长和老板。”

6月份高考结束后的一次会议更是彻底震撼了我。田老师拿出他的电脑，骄傲地打开了一个140多页的文件，然后开始了他激情澎湃的演讲：

> 各位伙伴，看来果然灵感这个东西只有在大量的工作实践中才会爆发出来。这几个月我一天假没休，一周7天平均每天上10个小时的课，教学的灵感一直冲击着我的大脑。今天课程结束了，我对高中数学的整理也结束了，这140多页的文案里的每一个文字、公式都是我自己敲上去的，也详细记录了在哪里插入一个应景的笑话可以让学生在欢声笑语中保持大脑活跃。我相信，如果再有高中数学老师来任教，这本秘籍将会帮他至少节约两年的时间。

直到现在，老田在分享这段经历时的那种激动与兴奋我还历历在目，有这么一位榜样在身边，我也在不断地遇见更好的自己，这种成长带给我的快乐也是我工作的巨大动力。

这就是榜样的力量。他的优秀能鞭策你大步往前走，让你期待有朝一日，能成为如他一般优秀之人。

记得去年母亲节的时候，一个叫丁乙丙的学生委托妈妈给我发了一条微信，表达她的祝福和感谢，且说自己早已视我如母亲一般。

我对丁乙丙的印象非常深刻。她初二的时候来到我的课堂，那时她的英语成绩一般，性格也比较内向。我经常在课后给她讲我过去是如何看待与学习英语的，给她讲初中时读过的大部头英文原版小说，给她讲我在每个清晨时大声地朗读英语，给她讲我那些厚厚的英文日记本，给她讲我在学习课程中遇到困难时的处理措施，给她讲我面对挫折时的应对方法。我也会在周末的晚上跟她在微信上用英语聊天，给她推荐好看的英文电影、好听的英语歌曲。我告诉她，如果你想在某一件事情上特别优秀，你就必须对此付出十分的心思和爱，而绝不能将其视为任务和负担，绝不能有半点被迫感。

那会儿我总会在上课前半小时去教室跟她相见。后来我的课越来越多，无法提前辅导她，她依然保持着这种提前半小时到教室的习惯，在教室里朗读英语单词或课文；每次上完课她会按照我教她的方法，在笔记本上梳理当天的收获、感悟以及迷茫之处，并及时搞懂那些疑惑；她开始像我一样，读英文小说，练口语，买来教辅书自己做题自己批改。她说："老宋，我是真的爱上了英语……"

高三那会儿，她在给我的信中写道："感谢有你，如果不是因为遇见了你，我不会明白原来可以这样学习，原来英语可以这样美；如果不是因为你的高考成绩，我也不会给自己定下高考140分的目标！"

她说，她的梦想也是当一名英语老师，用自己的亲身经历和故事去感染学生，去教会他们如何面对英语，如何学习英语。

她说，每次遇到困难和挫折，总会想起我曾经对她说过的话……

原来不知不觉中，你在盯着榜样提升自己时，你也会成为别人的榜样！

四、做事做到超出对方的期望值

做事做到超出对方的期望值，其实曾经我并不知道自己身上有这么一个特质。一次开会，老田十分开心地讲道："我发现宋老师身上有个特别好的品质，就是交给她的事她总能超出我预期地完成。把工作做得超出对你有所期待的人的预期，你就会源源不断地得到更多机会。"

仔细思考，确实如此，不禁悄悄为自己鼓一下掌。

学生走进我的课堂，原本以为只是听一节英语课，然而他能够听到"英语+数学+物理+音乐+表演"；他们没想到，在生日的时候会收到我的生日红包，因为我关注了他们的QQ说说；他们没有想到，自己表现好的时候，不仅可以得到我的当众表扬、抽奖惊喜，回家后竟然还得到了从来不表扬自己的父母的夸赞；他们没想到本意只是补课的自己在我的撮合下，结交了这么多好朋友，收获了满满的友谊。而我以为自己只是孩子的英语老师，万万没想到，孩子会在公开场合说我更像他的妈妈。

家长以为老师都只是上完课就结束工作，最多偶尔发个微信告知一下孩子的情况，却没想到我会在孩子上完每一次课后，跟他们聊那么久，从考勤聊到精神面貌，从坐姿聊到笔记，从回答问题聊到孩子的性格，从孩子的微表情聊到其近期在学校里发生的事情，再聊到他们的亲子关系。家长们没想到居然过个年都不能“清静”，每天再晚都得检查学生的作业并拍照发给我。我会在收到作业时再三感谢他们的辛苦，然后就你谢我、我谢你，直到互发一朵花的表情才结束聊天。家长本来以为我只会和他们聊孩子的学习，没想到还要聊聊生活，聊聊家庭关系，聊聊美食，聊聊好玩儿的地方，没想到我时常关注他们的朋友圈，还随时点赞、评论。后来我的朋友圈也被他们霸占了，每次发个动态，下面热闹的评论一大半来自学生家长。比如每次发我家小宝的动态，一大群家长在下面评论，要么就是“长得好像你啊宋老师”，要么就是“和我家宝贝小时候的发型一样”，或者是“宋老师今天周二又该你休息啦”。记得有一次临时调了假期，从周二调到了周四，那天发了个动态，一位学生家长第一时间评论：“宋老师，今天周四，你调休了呀……”

额外付出，从没有想着回报，然而某一天发现，居然收获了那么多。中午没吃午饭，给学生们辅导，结果我回到办公室发现桌上躺着一份牛奶和面包；晚上10点给学生语音讲题时咳嗽了一阵，第二天上课学生带给了我一盒润喉糖；孩子半期没有考好，正想着给家长分析一下考试失利的原因，家长却抢在前面给我道歉，说辜负了老师的付出和期待……

教学之外也是一样的。

回想了一下自己做过哪些事，会让田老师给了我这么高的评价。我想，也许是那次在下班时他让我帮忙关某一扇窗，我在关完后，去检查了所有的窗户，并且及时回复他，确保当下校区的每一扇窗户都已经关闭；也许是他安排我发送一份文件，我检查出文件里面有几个错别字和几个格式需要调整的小地方，反馈并调整完毕再发送；有可能是那一次，他让我安排老师们整理办公室，我对照排班表，做出了一份关于办公室整理的通知和细则，详细说明了何时整理、整理到何种程度，最后，我甚至整理出了一张办公桌作为范本，拍照发到微信群里供大家参考；还可能是某年开学之初，他要求每个老师提前记住自己所有学生的名字，我则将全校学生的名字、照片、分数、家庭背景一一对应并熟练记忆……

田老师说："每一件事，只要交给你，我也许会忘，但你一定不会忘。事情交给你做，我感觉比自己做还要放心。"老田的话简直是世界上最美妙的肯定，也激励了我做事做到超出对方期望，让自己成为一个更加优秀的人。

超出对方的期望，再超出自己的期望，这是我下一步的目标。

五、先试验，再推广

我喜欢思考，喜欢寻找解决问题的最佳办法和措施。但同时我也有一个习惯，一个措施我不论感觉有多么出色，都不会直接颁布，而是会与我认为在这一点上很有经验和想法的人沟通，跟他们聊聊想法，请他们提提建议，帮忙指出我考虑不周的地方，然后再试点，确定效果是否理想，措施是否具有可操作性，再开会颁布下去。

这是因为我受到一句话的影响：没有实践，就没有发言权。

领导岗位拥有着决策的权力，相应的，也承担着更多的责任。领导们说出的每一句话都需要依据，绝不能想一出是一出，今天想到了一个点子，自己感觉不错，急忙颁布下去，没过多久却发现，实用性不强，或者可操作性不强，最后只能终止。这样的情况多发生两次，就会让领导者在员工心目中的形象受损，进而增加今后工作推进的难度。当再有真正优秀的措施想要推广时，员工们也会在第一时间产生怀疑。

所以在做出某些决策和推广某些措施时，我一定要自己先尝试，尤其是在教学和教学管理上，我往往会把我想到的点子先用在我的某一个班上，效果不错再推广到我所有的班级。在这个过程中，我不断总结哪些点是完全没有问题的，并及时发现哪些点是需要修正的。在恰当的场合下，我会把这种经过调整和完善的方案分享给伙伴们；大家也听得特别用心，拿着笔记本，一边看我，一边“刷刷刷”地写在本子上，这让我特别有成就感。有几位老师告诉我，以前也参加过某些机构的培训，但培训内容都很粗略、宽泛，看起来很高深，自己却什么都没学到，然而听我的分享就特别有感觉，因为全是“干货”。

干货，这两个字说得好，这些教学和教学管理方法可全是我的切身经验，每一条都是真实有据且经反复论证的，比如我独创的“家长日辅导”。一来考虑到培训行业交钱的是家长，学习的却是孩子，至于孩子平时到底学得怎么样，有没有落实背诵、记忆和复习任务，家长对这个过程毫不知情，往往只看孩子的成绩，而成绩如果不理想，那必定是老师教得不好。二来我了解到，其实很多家长想要参与到孩子的学习过程中来，但是碍于自己丢下课本太久，已经没有能力再为孩子答疑解惑，所以很是苦恼。三来我们都明白学习最重要的便是落实，尤其是文科，课堂上学习的东西如果课后不去巩固记忆，会以非常惊人的速度遗忘，导致原来不会的，课上听懂了，课下没有复习，考试时依然不会。基于这几点，我产生了一个想法：可不可以有一种措施，既能让孩子每天坚持学习和复习，又可以检测孩子的复习效果，同时让家长参与进来，让他们实实在在地看到孩子复习主动性的变化，了解孩子对知识的掌握情况呢？经过再三思考，我决定采取以下办法。

最开始是铺垫，告诉家长复习和监督的重要性与必要性，取得家长的理解和支持；告知他们“家长日辅导”的内容全是上课学过的重点知识及考点，学生必须掌握，而且只要记住了就能做对题目，只要认真背诵了就能得到满分。

“家长日辅导”的具体操作如下：第一，我会将课上教学的知识和题目重新编辑，制作成知识清单，周一至周五，每天一篇；第二，另行制作、打印知识清单的答案；第三，每天晚上由家长负责监督孩子复习上课资料和笔记，接着孩子默写清单内容，家长再对照我给的答案批改，并将默写及批改情况拍照后发给我检查；第四，针对孩子默写错误的部分，家长监督孩子再次复习巩固。

我把自己的想法告诉田老师，询问他的意见和建议。田老师非常认可和支持，同时分析了几个可能存在的问题，并让我先试验，毕竟只有试过了才知道会出现哪些困难。

我首先在初三班级的学生中进行了试验。家长们非常配合，很多时候到了晚上12点还有家长给我发来作业反馈。同时，家长们反响很好，他们终于可以名正言顺地监督陪伴孩子学习了，而且能非常清晰地知道孩子对知识的掌握程度。很多家长在我没有提出要求的情况下，都会自觉要求孩子加强记忆，写错了的知识，家长会要求孩子抄写三五遍，第二天再次考查。

起初个别家长没有积极配合，我是这样处理的：不会单独告诉他他做得不好，而是在群里挨个点名表扬跟老师积极配合的家长，感谢他们对孩子学习的上心，感谢他们的负责，对他们的辛苦表示感谢，并晒出他们孩子漂亮的默写单。那么没有完成此工作的个别家长就会很清楚老师为什么没有点他的名，而且别的家长都在这样做，唯独他没做到，加之在私信里看到自己孩子的默写确实不如人，就会感到惭愧，感受到危机，从而也变得积极认真了。

也许你会问，孩子们会心甘情愿地被家长监督吗？除了极少数自觉的孩子外，绝大多数孩子当然不愿意了。我采用的方法是先讲故事，给他们讲我的减肥故事。我起初想通过自己的毅力来减肥，然而每次都失败，后来参与了一个减肥中心的课程。减肥中心监督我一日三餐的饮食，每天要求我去店里称体重。在严格的监督下，我在50天的时间内瘦了16斤。我意在通过这个故事让他们体会，监督的力量是多么强大。当然，自觉性是很重要的，但如果自己靠不住，可以尝试依靠外部的监督。

在推行“家长日辅导”的过程中，我也调查了孩子们的想法和感受。他们刚开始的时候心里有一点抵触，后来就习惯了，做完作业就复习、就默写。我问过他们，这样监督每天默写有用吗？答案是很有用。又问，如果妈妈不监督，靠自己能做到11点完成作业后还坚持复习默写吗？答案是不能。再问，如果不让妈妈监督了，自己复习，下一次课我再原题测试时有把握上90分吗？答案是不能。最后问，要不要妈妈每日监督？回答：要。

最终这波初三的孩子期末考试都进步巨大，这与家长们的日日监督密不可分。

后来，我把这个措施推广到初一、初二和高中。我发现初中生执行起来普遍问题不大，但是高中生执行起来会存在一些问题。初中生普遍不住校，家长都能监督到位；且初中生基本服从家长权威。而高中有部分学生住校，家长没法监督；而且高中生自主意识较强，叛逆心较重，知道道理都对，却还是不愿去做，觉得家长站在旁边就难受。

针对这个情况，我想了解决措施：第一，针对住校学生，让他们选一个好朋友，来代替家长的角色，监督自己每天默写；第二，针对实在不愿意家长监督的学生，表示相信他们的自觉性，让他们自己复习、自己默写、自己批改，下次课交给我检查；第三，下次课再次默写，不合格的，就代表辜负了我的信任，那么有两个选择，要么老老实实由家长监督，要么留下来重新背和默写，过关了才回家；第四，针对家长监督或同学监督，默写优秀的同学，在班上大力表扬，并让他们分享成功的感受；第五，私下再找学生谈心，告诉他复习的重要性，无论谁监督，都只不过是在帮助战胜自己体内的懒人恶魔，仅此而已。最后高中这块也完成得不错。下课后留下来的学生越来越少，直到没有。给孩子讲道理，真的要一次又一次，反复地讲才行。

总结一下我的措施成功的原因，无非就是以下几条：第一，针对家长，阐明复习的重要性，让家长意识到学习光靠老师绝对不行，需要取得家长的理解和支持；第二，把家长的工作简化，他们不需要去翻书，也不需要动脑，只需要对照答案批改即可，这样一来无论是什么文化水平的家长，都能操作；第三，把学习过程更多地呈现给家长，让家长知道孩子学了哪些知识，自己的孩子记住了多少，甚至能知道自己孩子的记忆力到底是什么水平：个别孩子认真背了两三个小时，默写的时候依然所会寥寥，家长就清楚自己孩子的情况了，而不会一味责怪老师没教好；第四，通过分享故事让孩子明白，当靠自己效果不好时，需要借助外力，需要老师和家长的监督，以克服自己体内的懒惰；第五，不断强化措施带来的好处，持续表扬正向行为，针对班上默写满分和前三名的同学，每次课上都会表扬，让孩子们看到，哪怕之前成绩还不如自己的，只要他去背了，都可以考满分，都可以超越任何人；第六，针对完成情况不是特别良好的学生，私下谈心，鼓励他每次进步一点点，比如这次记住了10%，争取下次记住20%，再下次30%，只要在进步，都是值得表扬的，同时在班上也公开表扬进步大的同学。我相信没有一个孩子是真的不想学好，问题只在于方法或克服不了懒惰罢了。

学生的问题、家长的问题、年级问题都解决了，接下来便是在后飞教育内部推广，而事实证明我们做得很成功。

六、严于律己，宽以待人

不得不说，“严于律己，宽以待人”这8个字对我的影响非常大。

曾经我有这么一个观念：我能做到的，大家也都能做到。有一段时间这种想法表现得尤为突出。那时我的学生最多，每堂课每个学生都有书面作业，家长回访最密集，此外我还负责了管理工作。我觉得，在时间这么紧张的情况下，我都可以把工作做到位，那么其他人也应该且能够做到位。但我发现，事实和我的想法并不一致，很多东西并没有按照我预想的轨道运行，这让我觉得心累。

我和吴光银老师谈心，向他倾诉我的苦恼和想法。吴老师是一位工作认真积极，性格中又带着一些儒家色彩的人。他告诉我：“并不是你能做到的，别人都能做到。每个人遇到的实际情况中的人、事都不一样，每个人的能力、眼界、心态也不一样，不可能所有人都能达成一样的结果。否则，岂不是人人都能成为第一名，人人都能做国家主席？然而你看，第一名永远只有一个，主席也只有一人……”

那一天我听得特别安静，特别投入。确实如此，每个人的眼界、心态、主动性和能力都存在差异，客观环境也不同，所以，不可能所有人都能达成一样的结果。

但是，我可以做到严于律己，同时再做到宽以待人。

设身处地站在别人的角度考虑，倾听对方的烦恼，了解真正的原因，体谅别人的难处，然后针对性地提供帮助，用最适合他的方式去克服困难，用他能做到的方式去解决问题，然后达到他能达到的最佳效果。这是我现在正在做和未来也会一直做下去的事。不苛刻，不尖锐，但是也不松懈，不包庇，不放任。

七、把工作视为事业

前两天，一个亲戚给我打电话，说孩子马上大学毕业了，想咨询一下关于就业的问题。我们聊了很多，在听了一些我的建议后，亲戚说："希望孩子能坚持吧，他总是眼高手低，我担心他干一份工作干不了多久。"

我不禁感慨良多，这简直是当下很多大学毕业生的真实写照。他们在校园里时，吃穿用度都依赖父母，缺钱时给父母打一通电话就解决了问题，过得非常轻松自在。我甚至见过不少高中生用着几千块的手机，他们认为钱根本不算什么事儿。他们刚出校门的时候，就期待着一份朝九晚五、双休、压力不大、收入不错的工作，并认为这理所当然。所以当他们开始做第一份工作的时候，往往发现现实跟设想的完全不一样。什么，还要加班？辞职。什么，工资这么低？辞职。什么，居然压力这么大？辞职。什么，居然遇到不开心的事？辞职……这可真是个不容乐观的现象，但愿我见到的听到的只是极少数，不能代表群体。

但我忍不住思考，为什么当我面临加班、压力大、不被理解、不开心、时间过度紧张甚至工作家庭有些失衡等问题的时候，从未产生过放弃的念头呢？

这是因为，我从未把我的工作仅仅当作挣钱的工具和方式，我也从未觉得工作就是工作，生活就是生活，将工作和生活完全分割。在我看来，我的工作即我的事业。

是的，事业。工作和事业是两个完全不同的概念。工作更多的是为他人，是被动的；而事业是为自己，是主动的。工作更多的是与金钱挂钩，而事业除了物质外，更关乎成就感、人生体验和荣誉。你会轻易考虑换工作，但绝不会轻易想要放弃自己的事业。你做一份工作，很有可能根本不热爱它；但是你为之奋斗的事业，一定为你所钟爱。

我热爱教育事业，喜欢孩子，喜欢和家长共同探讨教育问题，喜欢用自己的故事、别人的故事去影响孩子，帮助他们树立正确的人生观和世界观，所以我的一切付出都是出自自愿而非任何人的要求。所以，晚上和学生或家长聊学习、聊教育到深夜12点，我是开心的，从不会想："这么晚了，明天上班再说。"关于帮助伙伴、帮助新人，我也乐意至极。在帮助别人的过程中，我会体验到被需要的巨大成就感和满足感，这些体验是再多的金钱也买不到的。所以，我无法理解那些"教会徒弟，饿死师傅"的观点和不愿意把自己的经验分享给他人的行为。

我想要告诉现在的年轻老师们，愿你们的所选，都是你们的所爱，这样你们的工作才会是快乐的，你们对于自己所做的一切才是心甘情愿的。愿大家都能每天笑着踏进学校，笑着回家，笑着面对问题，笑着解决问题，愿大家都能和喜欢的人在一起，干着热爱的事。

人物小传

宋莉　大学毕业就进入公立学校当老师，因不喜欢公立学校的氛围，毅然辞职追寻自己的教育梦想。机缘巧合下来到华阳，遇到了改变我人生的教育公司——后飞教育，跟团队一起，把教育品质放到首位，播撒智慧，收获希望。我非常乐意与后飞一道去完成它的使命：“做中国最受尊敬的百年教育公司。”我相信在这个崇高目标的驱使下，通过不断地付出与努力，我们一定会获得成功！

学习履历

◆宜宾县真溪永康小学

◆宜宾县真溪缸坪基点校

◆宜宾县二中

◆四川师范大学

成长路上获得的身份标识

◆后飞教育华阳校区初高中英语导师

◆后飞教育华阳校区教学主管

◆后飞教育华阳校区执行校长

◆后飞教育教学总监

陈君武：追寻幸福，幸福追寻

实现自己目标和梦想的人——成功人士

在我眼中，幸福即成功。在读大学时，我就给自己定下了人生目标——有一个幸福的家、一份幸福的事业。毕业后，我朝着这个目标不停地努力，奋斗若干年后，有了房子和车子，也有了婚姻和家庭，但始终感受不到所期待的幸福。

带着这个问题，我耗尽积蓄，四处学习，求佛问贤，最后才醒悟：我在追求幸福的时候，总是告诉自己要去奋斗，这个过程也许很苦很累，但只要坚持一定可以有所收获。可奋斗出一套房子的时候，我高兴了一天，接着又开始焦虑：房贷该怎么还？什么时候可以买第二套房子？什么时候可以换个好车？每每以为幸福就要来临时，幸福就到了更远的地方。

我终于明白了一个道理，我们不是要去追求幸福，而是要幸福地去追求。很多人都认为幸福是一种喜悦的状态或者情绪，但状态或者情绪很难持续拥有。我认为幸福是一种能力，是能时刻感受当下喜悦和平的能力，我称之为幸福力。

很多人没有幸福力，总是对过去的事情感到后悔，对未来的事情感到焦虑，对当下的事情感到愤怒，从来没有感受过幸福。我在修炼幸福力的时候也走了很多弯路，抑郁的状态持续了两年，浪费了很多财力物力，最后通过思考清楚7个问题方才成功。如果你也思考清楚，相信你可以很快成为你想成为的自己。

一、你有资格自卑吗？

找到自卑的根源，方可修炼幸福力。

自卑分3种。

一种是觉得自己什么都不好，别人很好。

一种是觉得自己还好，别人更好。

一种是觉得自己和别人都不好。

如果你留心观察身边的人，会发现在现有的社会环境下，绝大多数人的内心都存在以上三种之一的自卑感受。有位心理学老师在一场心理学研讨课上，让现场觉得自卑的人举手，现场包括老板、学者、老师等在内的400多位社会精英中，80%的人举起了手。那些看起来光鲜亮丽惹人羡慕的人，或许都在和自卑做抗争。

27岁以前，我是一个极其自卑的人，我不敢演讲、不敢冒险，觉得自己一无是处，很想改变，却不得其所。

我很小的时候在医院待过很长一段时间，2岁以后才学会走路，姿势一瘸一拐，因为觉得自己走路的姿势很酷，我一度非常自豪。但到了上学的时候，自豪变成了耻辱，经常有同学指着我说："他是瘸子，快来看，他是个瘸子！"然后学我走路的姿势，抢走我的书包，把我按在地上打。从那个时候起我就觉得自己不一样，我很惶恐，为什么所有人都欺负我？原以为爸爸妈妈会安慰我，但他们只顾着忙生意、干农活，不曾试图理解我，有时候甚至会对我加以责打。

我每天都担惊受怕，学习成绩不甚理想，也渐渐地不再与人交流。我想过放弃自己，但有个人拯救了我，他告诉我，好好学习，逃离这个地方，去外地甚至出国。一瞬间，我看到了希望。我拼命地学习，成绩名列前茅，考上了百里之外省会的高中。但在四川我还是没有安全感，我继续努力，高考拿到了640多分，一个可以进入任何一所大学的分数。选志愿的时候，别的同学都要找一个好城市、好专业，对我来说选择什么专业不重要，我拿出了一张地图，哪里离四川远就去哪里。我一眼相中了远在东北的大连理工。当我一个人飞到东北的时候，我觉得"18年抗战"终于结束了，爸爸再也打不到我，那些同学再也不会笑话我，长大后腿也慢慢恢复，我可以开始全新的生活了。

然而，理想很丰满，现实很骨感，我不知道如何与人相处，不知道如何融入集体。我讨好同学，试图进入他们的圈子，我成功了，但他们总是喜欢拿我开玩笑。慢慢地我觉得自己就是一个笑话，愈发自暴自弃，发誓不再和人打交道。我决定学习计算机编程，一辈子面对机器，这样我就安全了。但在工作中我依然不安，似乎自己什么都不行，又因为炒股炒期货损失很大，一度觉得自己是全天下最不幸的人。

我开始阅读励志故事，拜访励志人物，比如国内知名的无腿演说家、歌唱家陈州，他用双手登上了泰山，用演讲激励了无数人。我曾和他一起上演讲课，零距离感受了他的乐观自信，颇受鼓舞，我告诉自己："他没有腿都这么乐观，事业做得这么好，我这么健康，长得不丑，学历不低，又有什么资格自卑呢？这世上我有什么事情做不到呢？”然而，激情维持了几天就消失了。借用一句流行的话，我听了这么多的大道理，却仍然过不好这一生。

这样的情形让我感到困惑和挫败，直到上过相关心理学课程我才恍然大悟，洞察到自卑的根源。绝大多数人都是因为小时候的成长环境不佳、家长的教育方式不当而导致了自卑。我尝试接纳那个腿瘸的自己，和父母聊起贯穿成长过程的担忧、恐惧。小时候没有得到的父爱、母爱被满满地填补，我从原生家庭那里获得了强大的力量，将我的自卑一点点消除。压在心里20多年的石头落了地，我终于开启了幸福自信的人生状态。

每个人的成长环境不同，自卑的原因也不同，我们无法机械地用别人的故事激励自己，只有明白自卑的根源，才能对症下药，才能为我们修炼幸福力打下坚实的基础。

二、你最信任的是谁？

我曾在网上看到某权威机构做了一个有趣的调查：你最信任的人是谁？很多人回答父母、子女、闺蜜、兄弟、同学、上司、导师等，却独独忘了自己。如果我们把信任都给了他人，就会对他人抱有很高的期待，只要有一点不如意就会无限放大，最后难免两败俱伤，所以我们最信任的应当是我们自己。无论遇到什么挫折打击，我们都要做到12个字：相信自己可以，不给自己设限。

我们要打破他人给我们的设限。

在我们的成长过程中，常会遇到他人给我们设限。比如我们的父母，总是不停地告诉我们，这个事情不能做，那个事情不能做；又比如当你想去做一件事情的时候，很多人会告诉你，你的想法都是错的；你要去学习成长时，他们会拉住你，试图让你待在原地。倘若被这些话语打倒，被他人禁锢，我们就不可能达到目标。人生就像爬山，只有爬到山顶，把那些认为你爬不上去的人甩在身后，我们才会有不同的体验，而生命是体验的总和，体验越多生命就越精彩。

在最初接触性格色彩学时，我就感觉到这门学问将对我的工作和学习大有裨益，但是当时我交不起学费，便向同事借钱。他们都认为学习性格色彩没有用，不如多加班多挣几个钱，于是纷纷拒绝，一个同事甚至说道："你学心理学是要给电脑看病吗？"但是我知道这是一门好课程，我一定要参与，最终我通过贷款学习了性格色彩的相关课程，而我的人生也从此不一样。

后来我又和乐嘉老师一起创业，开办了性格色彩深圳分院，彼时又有朋友出来反对，怀疑我是不是疯了，放弃3万块的月薪，冒着赔钱的风险去创业。但我当时就是疯了一样地相信自己，出来创业，学会了销售、团队管理这些无法在以前的公司学到的能力。

那些阻止我的朋友，如今都说我的变化好大，感叹我当时的魄力。而那些条件优渥却自我设限，觉得自己学不会的同学只能遗憾错过了机会。

打破我们给自己的设限。

面对别人的打压、羞辱，我们都可以视而不见，但有时候面对别人的支持，我们却没有勇气前进，那是因为我们给自己设限了。

我记得第一次站上舞台之前，所有的朋友都觉得我可以，都为我加油鼓劲，但我始终无法克服内心的恐惧，想要临阵脱逃。朋友把我推上了舞台，惶恐中我只讲了自己的名字，把演讲内容全部忘记了。后来，我学习了演讲课程，开始相信自己可以，一改之前连准备稿子都很紧张的状态，上台效果极佳。很多人在微信上告诉我，听了我的演讲很感动。

所以我们要相信自己，不给自己设限，更不让别人给自己设限，我们会发现自己可上九天揽月，可下五洋捉鳖，幸福感爆棚。

三、你的梦想是福是祸？

梦想还是要有的，万一实现了呢？

我们说到梦想，都会为之动容。但并非所有人的梦想都能实现，有的朋友很拼命、很努力，梦想实现了一部分，却又不幸失去所有。我某位朋友的舅舅从事房地产开发，他从小的梦想就是成为百万富翁，过上好的生活。他努力打拼，又赶上了房地产行业的红利期，积累起了2亿左右的资产，远逾儿时的梦想。但他又觉得钱不够，拼命地想把身价做到100亿，最后，房地产不景气，公司倒闭，自己负债累累。

他遭遇不幸，是因为梦想错了吗？我以为，这是一个越来越需要初心的时代，梦想也需要天时地利人和，这是我们的梦想法则，即首先要顺应天意，为其他人着想，为天下苍生谋福利。比如创造了阿里巴巴万亿市值的马云，他的使命是帮助中小企业做生意，他的初心是帮助别人，而不是自己赚多少钱，但最后自己也会拥有源源不断的财富。

梦想不分大小，但是分利他还是利己，利他者伟业必成。

梦想是福是祸，要看我们的动机。现在有很多企业打着爱和帮助别人的旗号为自己敛财，可能开始会赚钱，但如果不调整动机，最终还是会失去一切。俗话说，人在做天在看，人前伪装自己，最后受伤的也是自己。

梦想的发心一改，结果自然不同。

我以前开培训公司时，总想着招生，帮助他们成长，最后可以赚很多的钱。我开设了很多免费课程来吸引学生，而后为其推荐收费课程。因为我的贪心，想让自己过得好，吸引来的也多是想占便宜的人，虽然赚了一些钱，但这个过程让我非常疲惫。

当我意识到我的发心有问题时，立刻放弃股份退出公司经营。大家都觉得我疯了，但我知道我想做一些真正帮助大家的事情，我想以一颗纯粹的心做教育。

于是，我遇到了后飞教育——一个有情怀的公司。基于自己独特的成长和学习经历，我发现很多烦恼、压抑的根源是父母和家庭环境，我想帮助家长学习亲子教育知识、婚恋经营智慧，进而帮助孩子们更好地成长。

当有这样一个助人发心的时候，我发现家长竟然会主动来学习，我不必再那么辛苦地招生了。我轻松了很多，精力也旺盛起来，开始不停地掌握更新的家庭教育知识，让更多的人受益，同时享受助人助己的幸福感。

四、为什么我是一切的根源？

因为我的梦想和天赋使命是帮助父母掌握高效的亲子教育方法，所以经常接触家长，很多父母向我倾诉他们的烦恼：“我都是为了孩子好，让他作业认真一点、细心一点、行动力强一点，少玩游戏和手机，都17岁了，怎么就是不听话呢？还不和我沟通，要是小一点，我就打他一顿，以前一打就老实了。”不独家长，很多朋友也会有这样的疑惑：我明明是为了你好，你为什么不听呢？你不听就是你的问题，不是我的问题。

如果改变别人就可以获得成功，那人人都是成功者，须知，改造别人是痛苦的开始，改变自己才是幸福的开始。

从抱怨者成长为责任者

我的原生家庭和成长环境，让我觉得老天爷对我非常不公，父母不慈爱，同学不友善，老师看不起，女朋友也脾气暴躁。我觉得自己最可怜，所以遇到问题，既觉得别人不好，也觉得自己不好，逢人就抱怨自己就业的公司不好，在那里工作没有前途，看不到明天，离职后也找不到新的工作，抱怨我的女朋友不理解我，抱怨我的朋友不帮助我，抱怨高昂的房价难以承受。每次发完牢骚心里会舒服一些，可不久又会回到抱怨的状态，如此循环往复，慢慢的，找我聊天的朋友越来越少，我也越来越抑郁。

后来我突然明白，当我抱怨的时候，我遇到的也是抱怨者，他们身上的抱怨能量投射到我身上，我就越来越负能量。

我开始寻找正能量的人，和各行业的大咖对话。我发现成功者是不抱怨的，他们一切靠自己，是真正负责任的人。

这世界上我们改变不了任何人，我们只能改变自己。当遇到问题的时候，我就想，我可以做些什么？我可以从失败和挫折里得到什么经验？怎样才可以让自己变得更加强大？

以前遇到数学学习很差的学生，我会有情绪：他们怎么这么笨，这么简单的题目都不会？他们怎么这么不认真，作业都不做？他们为什么不懂也不问？我觉得他们无药可救，然后就放弃了。现在我会冷静下来告诉自己，没有教不好的学生，只有不会教的老师。我问自己，我怎样才可以把他们教好？我开始找办法，调整自己的外在形象，让孩子喜欢上我；改变自己说话的语气语调，吸引孩子们的注意力；增加活动环节，调动孩子们的积极性。慢慢地，在准备和训练自己的时候，我找到了幸福的感觉；而当孩子们有所收获的时候，我的幸福感就更加强烈了。

又比如某个月公司调低了工资，别的同事都开始抱怨，面对高涨的房价，所承受的巨大的生活压力，这么辛辛苦苦地工作，工资怎么可以不升反降呢？他们纷纷找领导理论、争吵，有人甚至因接受不了现状而辞职。但是我很开心，在大家都不满的情况下，我做好自己该做的工作，不争不抢，领导反而把很多机会给了我，最后，入职仅半年的我就获得了全公司只有前3%的人才能获得的优秀员工奖项。

我相信，只要我们着手改变，只要信念不滑坡，办法总比苦难多。

你是谁便会遇见谁

当我想去改变别人的时候，总觉得别人不好，别人的缺点很多，比如情绪化、强势、拖延，不考虑旁人的感受等。当我深入学习心理学后，才明白这种现象叫作心理投射，即我对别人的评判，和别人的行为表现没有关系，只与我自己的想法和感受有关，这是我们潜意识的心理投射。别人对我的看法也一样，有人觉得我礼貌，有人觉得我卖弄，有人觉得我粗鲁，有人觉得我睿智，而这一切都和我没有关系，这不过是他们自己在我身上的投射罢了。

我以前容易和别人起争执，总觉得他们对我的评价不客观，那其实是因为我的内心不够强大，当我弱小时，我看到的都是欺骗怀疑，看到的都是不好的一面。不要去争论，因为争赢也是输，我们只要做好自己即可。

你是谁便会遇见谁。你有礼貌，你看见的人都彬彬有礼；你很睿智，你看见的人都才智卓绝。

只有改变自己才能拥有优质人脉

众所周知，在中国这个人情社会里，要做一番事业，必须要打造优质的人脉。工作后的几年，看着别人凭借和领导的良好关系，不断升职加薪，我非常羡慕。于是我创造机会和领导在同样的场合出现，和领导一起应酬，耗费金钱参加拓展人脉圈的课程，出入看似高档的社交场合。如此折腾了一番，果然结识了很多大咖，收集了很多名片。但我发现这样结交的人脉并没有什么意义，既无益于我的事业，也无法带给我优越感，最终不过是多了一点谈资而已。

经过血与泪的教训，我认识到人际关系的核心并不在于数量而在于质量，优秀的人无法结识，只能吸引。当我改变自己，长养智慧，能以一技之长帮助别人解决问题时，优秀的人自然来找我了。

我的微信里有一个公司经营得很好的朋友，因为一直没有什么话题可聊，他对我来说只是没有用的人脉。有一天，他在朋友圈看见了我在达州电视台的演讲，就主动找到我，让我帮忙修改一份商会年会的演讲稿。最后，因为那一次效果极佳的演讲，他表示愿意帮助我的事业，推荐身边的家长跟我一起学习家长智慧。

当我们自己有特长时，别人有需要自然会靠拢过来，正所谓筑巢引凤。当我们修炼自己，变得优秀，身边的人都会来帮我们，不用去整合资源，资源自然会为我们所用。

改变自己可以让我们更加关注过程而不是结果

篮球巨星乔丹，每次比赛结束，即便获得了冠军也会立刻练球，别人非常不解，大家都去庆祝、休息，乔丹为什么还要练习？乔丹回答说："因为刚刚比赛的时候，几个投篮有一点不理想，我要练习一下。"他的成功秘笈在于更关注过程而非结果，把握好过程才能产生好的结果，过程不佳而欲求好的结果便只能靠运气了。

我在上学的时候，每次考试都特别重视结果，重视排名，考得好的时候特别开心，但也不会去研究为什么考好了，只告诉自己是因为努力所以获得了高分。当时并不以为有什么不妥，但慢慢地，我出现了害怕考试的症状，越重要的考试就越焦虑，担心自己拿不到好名次。

当我更重视过程之后，我便只关注自己平时是否认真听讲，有问题是否及时请教老师，时间管理是否可以更高效，学习方法有没有优化的空间等方面。我开始主动培养良好的学习习惯和品质，遇到考试也不再焦虑：

无论结果如何，得之我幸，失之我命。考试已经结束，我改变不了分数和排名，考得差我会分析出错的原因，寻找更优的方法；考得好我会思考自己做得对的地方，为今后的学习积累经验。

通过改变自己，日益优秀，我更加能够体会到当下的幸福感、满足感和获得感。

五、终身学习好在哪里?

学海无涯乐作舟

“活到老学到老”，这个俗语从我开始读书时就萦绕耳边，但我总觉得学习是件苦差事，加之家人经常说大学毕业就不必再学习，我便想着忍耐几年就好，可是等我开始工作时，才发现“读完大学就轻松了”是个大谎言。因为不学习，升职加薪都与我无关，我一度心情抑郁，后来开始改变自己，通过学习获得越来越多的成长，我才渐渐从一个“苦学者”变成了“乐学者”，从“学海无涯苦作舟”变成了“学海无涯乐作舟”。

从不爱学习到终身学习是一种什么样的体验?

先听一个真实的笑话：

普朗克获得诺贝尔奖之后，到德国各地做演讲，每次讲的内容大同小异，都是关于新的量子物理理论的。时间一久，他的司机记住了讲座的内容，司机说：“普朗克教授，我们老这样也挺无聊的，不如这样吧，到慕尼黑让我来讲，你戴着我的司机帽子坐在前排，你说呢？”普朗克说：“好啊。”

于是司机走上讲台，就量子物理发表了一通长篇大论。有个物理学教授站了起来，提了一个非常难的问题。演讲者说：“哇，我真没想到我会在慕尼黑这么先进的城市遇到这么简单的问题。我想请我的司机来回答。”

这个故事，我并不想夸赞司机的机敏，而是想说这个世界有两种人：一种是普朗克这样的终身学习者，他们付出努力，掌握知识，拥有能力；另外一种是司机这样的不爱学习者，他们掌握了鹦鹉学舌的技巧，往往给人留下深刻的印象，但其实他们所拥有的不过是伪装成真实知识的司机知识罢了。

不爱学习者，思维固化，自以为是，要面子，贪便宜，希望别人遵从自己的想法。当别人给出建议的时候，他们会觉得别人是在否定他们本身，所以一定要给自己找些理由，反驳或者解释几句，情绪化较严重。他们不愿意努力却喜欢别人夸自己天赋高，因为觉得努力没有用，面对别人通过努力得到的成就往往嗤之以鼻。在他们看来，功劳都是自己的，问题都是别人的。这样的人遭遇失败就一蹶不振，获得成功便得意忘形，喜欢用过去的事情作为谈资，看不到未来的价值。

终身学习者，知道天赋的重要性，更明白知识和技能是可以通过努力学习而获得的。他们内心丰富，外表谦逊，明白自己的局限，常感喟自己的无知，当遇到不会的问题时，就会虚心请教。成功时不骄不躁，总结经验并分享给别人，让身边的人和自己一起受益；失败时不会陷入挫败情绪无法自拔，而是总结教训，振作精神，投入到下一份工作。他们不计较眼前的得失，有足够的眼光和魄力看到未来的价值。

我亲身经历了从不爱学习到爱学习的转变。

有一天早上，我在路边买早餐被贴了罚单，和警察大吵一架，上班迟到被老板责骂，会议上我通宵撰写的策划书又被否定了。

当我是一个不爱学习者的时候，我心想："我今天就不该出门，我不适合干这个工作，老板平时对员工也不好，肯定是因为针对我才不让我的策划案通过。我要辞职，然后找朋友一顿倾诉。"

当我拥有了终身学习的思维，我会总结自己做得不够好的地方，努力改变自己，适应环境。迟到了，以后要多定一个闹钟；老板否定了策划书，可能是因为我没有理解老板的意图，或者表述能力欠佳，明天再找老板探讨一下策划书，看看怎么写他才会接受。

所以，我要成为一名终身成长的学习者，不断感受到自己的进步，感受到思考的快乐。

学习是最好的投资

终身学习者明白学习是最好的投资，而且是这个世界上唯一只赚不赔的投资。

名誉和金钱并不会让我们一直快乐，成长是我们持续获得快乐的唯一途径。

我曾经认为只有没有受过高等教育的人才会参加培训，直到去了课堂才发现，那些成功人士都非常热爱学习。我认识的很多有钱人过得并不开心，他们往往买了一辆奔驰后又想买一辆宾利，总是疲于奔命，只有自己今天比昨天进步了，才会真正快乐。

以前舍不得花钱学习，把钱拿去炒股、炒外汇，但总是亏得一塌糊涂。当我萌生了学习的意识，才明白投资学习就是投资自己，我们自己才是这个世界上最有价值的奢侈品。

增长选择的智慧

学习可以让我们的选择更有智慧。我们天天都在做着选择，大到结婚买房，小到选择衣服，而很多选择会影响我们的一生。如果我没有选择不顾家人朋友的反对，辞掉高薪工作转入培训行业，也就没有今天快乐而有价值的自己。越学习我们就越有智慧来做出有益于未来而非当下的抉择。法拉利在野外不如一辆拖拉机，飞机放在公路上跑不过汽车，选择大于努力，学习让选择更有智慧。

六、有很多钱为什么仍不快乐？

当我们处于一个省钱思维模式的时候，很难有赚钱的思维

学过经济学的人都明白，货币最大的价值就是流通，货币不流通就和纸没有区别。从小，我的奶奶、父母就告诉我要存钱，将来好买房子、看病、结婚、生子，所以我的大脑一直处于一个省钱的思维状态。无论月入3000还是3万，我都穿廉价的衣服，吃便宜的食物。我用3年的时间积攒了几十万，结果竹篮打水一场空；有的人存了几十年的钱，一场重病就濒临家庭破产的边缘。当我们带着对高昂房价的恐惧，对高额医疗费用的恐惧去存钱的时候，钱是很难存起来的，我们要做的是让钱流通起来。

让钱流通起来，让爱流动起来

很多人不好意思说自己爱钱，但我可以坦诚地告诉所有人，我爱钱，也会努力赚钱，因为钱可以让爱的能量流动起来。

我们要赚喜悦的钱，即付钱的一方在付钱时的心情是喜悦的，如果他

是被逼迫的或者非常伤心，那么这个钱你一定不能赚。

以前我在销售课程的时候，从不管客户有没有需求，只负责把课程说得天花乱坠，而客户购买了课程却没有得到我说的回报就心生抱怨和不满，那个时候不愉快的情绪就在我内心疯狂滋长。钱带来抱怨和不满，赚得再多也不能让我开心。所以现在，我只赚喜悦的钱。时常有人找我做个人咨询，我有时明显感觉对方索取心过重就不会收费，有时收了钱也会退还给对方，有时不但不收费甚至还倒贴钱给对方。结果，我却发现挣钱越来越轻松。

关于花钱：基于爱和感恩花钱，那么花钱也是很愉快的体验

以前我给自己买件好衣服都会心疼半天，这其实是低质量的花钱体验，它降低了我们的幸福感。因为觉得自己不配花钱，不能穿好衣服，这种不配得感让我们的能量变得很低。不配得感会让我们不敢收费，比如给别人做咨询，对方很感激，给我发了红包，我却不敢收，觉得自己没做太多事情，我的工作不值这些钱。

后来我开始改变思维：我们自己是最好的奢侈品，只有给自己投资，让自己优秀，让自己拥有充足的体验和丰盈的内心，我们才能给别人带去更多的能量，才能带来爱的流动。我给自己换了一套很好的衣服后，瞬间升起一股自信，觉得自己一个月可以赚十万，因为我值得，而钱也很快主动找上门来。

不敢花钱学习，认知就不会升级。认知越高的人，越注重自己的生活品质，越敢花钱，越觉得自己尊贵。

我把自己变为会花钱的人，以后自然是最会赚钱的人。不要吝啬，不要过分节俭。以前请客的时候，我总想着哪里最便宜，哪里有团购优惠，怎样用最少的钱请最多的人。其实我在算计、在省钱的时候，我的朋友都

能感觉得到，他们吃得也不开心。请客的本意就是花钱让大家开心，这种时候，不妨大方一些。

我们收到礼物不必还回去，钱是有爱的，它可以通过我们这个中介把爱和感恩传递出去。我们把钱给其他人，让钱流动起来，既能滋养自己，也可以帮助更多的人，让大家受益。

七、如何培养行动力？

如果你已经思考清楚前面6个问题，恭喜你已经拥有幸福力的所有基础理论知识，已经成为思想上的巨人，即将活出自我，而此刻第7个问题就尤为关键：如何培养行动力？良好的行动力会让我们成为行动上的巨人，帮助我们进入幸福力的正循环：升级认知→刻意训练→感受幸福→升级认知。行动力的缺乏则会让我们进入幸福力的负循环：固定认知→重复行为→远离幸福→认知固化。一旦陷入后者，你会觉得我说的这些都没有用，更严重的是你可能会认为学习没有用，因为，你感受不到当下的幸福。

那么，我们要如何培养行动力？

我曾经是严重的拖延症患者。领导布置任务要求3天完成，我偏要拖到最后一天草草了事；说好要减肥增肌，计划制订了无数次，却始终没有成功执行；心里暗暗发誓要一年读60本书，结果不忍直视。阅读了很多治疗拖延症的书籍却没有什么效果，最后，通过整合众人智慧，我找到了一个最适合我的解决办法。如果你的症状和我一样，那一定要仔细看看。

超强行动力培养四部曲：接纳，觉察，行动，挖掘亮点。

第一，接纳。有些治疗拖延症的书籍不断强调，很多人因为行动力不强损失了很多的机会，造成了严重的后果，比如销售做不好、领导不信任、自卑等，这让我很恐惧，所以发誓要克服拖延，但是落实到行动又常常没了激情，然后进一步加深了恐惧，就这样进入了负循环。这种书的本质就是制造和贩卖焦虑。提高行动力的第一步是承认并接纳自己的拖延症状。以前我告诉自己不能拖延其实就是不接纳自己的表现，所以不但不能克服反而加剧了自己的拖延行为。

第二，觉察。当我们开始接纳自己存在拖延症状且不再焦躁的时候，我们就可以觉察到拖延本身。当我接纳自己拖延的事实，我发现，离截止日期还有10天，而我却在看小说，我正在拖延。

第三，行动。当觉察到自己正在拖延的时候，我开始行动。比如我计划写一篇文章，如果开始行动时，我没有制定明确的目标，仅仅打算晚上花费3个小时的时间来写作，结果只顾着玩手机、聊天，最后只用了20分钟思考，一个字都没有落笔，我就会责怪自己，会产生强烈的内疚感，进而让自己越来越没有信心练就行动力。所以，完成比完美更重要。如果我们行动时，先定下一个小目标，这样就会很容易达成。我只要求自己写出文章的大纲，而不是写满3个小时，完成后就可以放松休息，这样就很容易做到，而做到后就可以循序渐进地提高目标的难度。

第四，挖掘亮点。当我们制定的小目标没完成，接纳自己没有完成的事实，不要内疚自责，而要分析原因，调低目标，继续行动。当我们制定的小目标达成后，总结做得好的地方，确定可以继续优化的地方，按照给自己的约定进行奖励，一顿火锅或者一件衣服，从潜意识里激活一个信念——只要行动了就可以得到喜悦。对于拖延症的情况，我们不需要总结失败的地方，因为本来内心就有点不自信，只需要发掘闪光点，让自信慢慢回来即可。

在我们公司，大家会通过反思来发掘每天工作的亮点。只要行动就有很多亮点可以挖，有了亮点就会慢慢地建立信心。让我们升级认知并接纳越来越好的自己，我们也会越来越喜欢行动。

以上是关于修炼幸福力的7个系统思考，如果你仅仅了解但没有运用到工作和生活中，那么这些道理就是无用的。如果你都理解并做到了，恭喜你已经成为能够感受到当下幸福的人，你将过着幸福的生活。这时候你有更高的使命——分享——需要完成，世界上还有很多人无法感受幸福，我们的分享是一种能量、一种疗愈，可以帮助他们修炼幸福力，而这样的分享也让我们的生命更加伟大。

人物小传

陈君武 凭借641分的高考成绩进入大连理工大学，后有幸遇见畅销书作家兼知名电视人乐嘉，并跟随乐老师学习性格分析和心理学，不仅帮助自己成功走出了自卑，从一个不会讲话的IT码农，变成了站在千人舞台上也能侃侃而谈的演讲者，还投身教育，与合伙人创立好女孩大学，以丰富的管理和营销策划经验，成功帮助妈妈们提升教育水平，帮助孩子们成长，帮助许多家庭过得更加幸福。

学习履历

- ◆清水中心小学
- ◆清水初级中学
- ◆棠中外语实验学校
- ◆大连理工大学

成长路上获得的身份标识

- ◆性格色彩认证演讲师
- ◆国家二级心理咨询师
- ◆原性格色彩深圳学院联合创始人
- ◆中国好讲师大赛深圳赛区最佳风采奖
- ◆好女孩大学联合创始人
- ◆后飞教育家庭教育导师
- ◆达州电视台《名师有约》特邀讲师

人生格言

用爱前进。

赵悦：生命不息，奋斗不止

实现自己目标和梦想的人——成功人士

收到田老师的撰稿邀请，我又惊又喜，能与后飞及外界这么多大咖共同撰写这本颠覆传统市场观念的全新之作，何其荣幸。也许，按照社会各界约定俗成的概念，我们还算不上成功人士，但我坚信后飞人身上拥有的品质，都会成为我们追梦路上成功的秘密。

一、感谢苦难，让人成长

1994年，我出生在四川省广元市的一个小镇。我的家庭是一个典型的农村家庭，父母在外打工挣钱，我从小跟着爷爷奶奶长大，经济虽然不宽裕，但日子也过得和平安稳、幸福快乐。幼时的记忆里，我总是和堂妹一起，跟着邻居家的几个哥哥，背着比我还高的背篓，到后山上去捡柴或者砍猪草，装满背篓就算完成任务。哥哥们为了照顾我，经常自己装满沉沉的一背篓，然后下山了再分给我。干完活我们就可以去河坝玩耍，把裤脚卷得高高的，从河里抓鱼抓螃蟹。河水清澈见底，河底的石头似乎都在发光。几个小伙伴通力合作，很快就收获满满。接着，我们在河边搭建起一个简易的灶台，生火烤鱼烤螃蟹，撒点盐和辣椒面，只觉得人世间最美好的味道也不过如此。逢着过年的时候，爸妈腊月二十左右就早早地归了家，专门腾出一天，发动全家来大扫除，从天花板到地面，不放过任何一个角落，床单被套、家具厨具，统统拿到河边洗一遍，仿佛在宣告着旧历年的结束，新一年即将朝气满满地开始。紧接着，爸妈就会带着我和妹妹，去广元城里买新衣服、购年货。爸爸总是很豪气地说："想吃什么买什么。"那几天，我都会觉得爸爸妈妈在真好，不用做小大人了，可以任性地当个孩子。

12岁之前的童年经历于我而言一直是藏在回忆最深处的温暖。也正是这样的美好，一直提醒我做一个朴实善良并且温暖的人，当经历的世界越来越大、越来越复杂的时候，我也要不失本心，活成自己想要的样子。

12岁那年，爸爸单独出门打工，妈妈留在家照顾一家老小，尤其是照顾即将小升初的我。就像是冥冥之中预料到了什么，我的眼泪比前几年爸妈一起出门时要汹涌得多，仿佛这就是最后一面。爸爸出门后两个月，噩耗就传来了，矿井爆炸，井下工人无一生还，打捞了一个月舅舅才凭着爸爸胸口上的黑痣找到他的遗体。舅舅带回来一个黑得发亮的骨灰盒，妈妈看见这一幕直接晕过去两天，醒来时葬礼都已经举行完毕。家里来来往往的亲戚朋友很多，我的脑袋昏昏沉沉，一直守在妈妈的床前，也不知道自己是怎么度过的。当家的大姑父趁着妈妈意识不清醒，煽动其他亲人，嚷嚷着要开始分二十万的死亡赔偿金，然后撵妈妈出门。多亏了奶奶用尽全力阻拦，给了妈妈清醒的时间。那是夏日里一个充满蛙叫虫鸣的傍晚，在老家的大院坝里，妈妈和大姑父针锋相对甚至撒泼骂人的样子是我至今见过的她最彪悍的模样。失去丈夫之后激发出来的坚强和为母则刚的本能，让她像大树一样呵护着我和妹妹的成长。

从那以后，我就在心里暗暗发誓，绝不辜负为了养家糊口不辞辛苦甚至付出生命的父亲；绝不辜负壮年丧偶，尝尽人间冷暖，却从不在人前流泪的母亲；绝不辜负为了保护我们母女跟大姑父抗争到底，还被关过小黑屋的爷爷奶奶。在小升初考试的最后一个月里，我拼命学习，逼着性格内向的自己每天去问老师不同的问题，作业不做完坚决不离校。天道酬勤，我终于成功考入了当时朝天区最好的初中之江中学，一路披荆斩棘，高中考入江油中学小英才班，大学考入成都理工大学应用化学专业。这长达10年的读书时光，占据了我大半的青春，因为内心目标过于坚定，有时候我也会觉得生活这般无趣，没有同龄人的青涩懵懂，没有对动漫、小说、游戏的痴迷，甚至没有过对男同学的一丝暗恋，我的整个青春都与课本为伍。而这一路走来咬牙坚持的动力，就是前面对家人的三个不辜负。对我而言，最初的梦想大概就是全心全意呵护家人一生吧，简单而纯粹，温暖却最有力量。

现在回想起来，我很感谢这段艰难甚至痛苦的时光，若这个家还是以前单纯的模样，我大概会是在父亲的呵护下长出的经不得风吹雨打的温室花朵吧。多年的较劲和不服输，练就了我坚强独立的心态，让我遇事从不退缩，让我直面苦难，想尽办法征服命运的波浪。这份苦难，真是我的财富。

二、迎风向阳，努力绽放

2013年9月，在妈妈的陪伴下，我拎着大包小包踏入了大学的校门，开始了我在成都理工的大学生涯。记得那时候，学校组织了大巴车在火车站附近专门接送新入学的大一新生。我坐在车上巴巴地望着窗外。那密密麻麻的高楼大厦，来来往往的车辆，错综复杂的二环立交，都让我对成都产生了无限的向往。当时我拉着妈妈的手，眼神无比坚定："妈，我一定要在成都工作买房，然后接你和妹妹来成都生活！"从第一天开始，我就给自己在这个城市的生存赋予了无比清晰的意义。

于我而言，大学最美好的事情就是可以自由支配自己的时间，并且也有了能力和机会去做自己想要做的事情，迎风向阳，努力绽放。为了减轻母亲的负担，也为了锻炼自己，我开始不断地尝试各类兼职工作。发单、促销、地推、电销、家教、专业检测，基本上你能想到的我都干过。那四年兼职的所获所得远多于课本上所学到的一切，我十分感谢自己做了一个看起来十分辛苦却无比正确的决定。2019年播出的新剧《都挺好》的第一集中，苏明玉大夏天发传单做促销汗流浃背辛苦的样子，瞬间让我联想起了自己当时的那段时光，我不禁眼眶湿润，思绪万千。

大一的时候，我去学校附近的韵达快递做兼职，主要任务是信息录入、短信发送和快递签收。我很清楚地记得第一天刚去的时候，我才坐在房间里盖了不到两小时的章，发了几十条快递领取短信，就因为学校临时有事不得不提前离开，当时的老板董叔一次性发给我三天的兼职工资，并一脸和蔼地对我说："大热天的，拿去买水吧。"我一脸疑惑地看着他："董叔你不怕我直接卷款潜逃，后面几天不来了吗？"董叔摇摇头："你不会的，我自己招的人不会看错。"对于当时刚接触兼职工作的我来说，这句话简直如定海神针般让我惶恐的心安定了下来，我返校的时候，走路都能开心地蹦起来。从那以后，每逢双十一或其他节假日比较忙碌的时候，我都会提前安排好时间去董叔那里帮忙，言谈举止从董叔身上受益良多，这算是工作生涯的一个启蒙吧。后来有一次，我认真地问董叔，为什么当时会直接给我三天的工资？他说原因很简单，他仔细观察过我的工作，发现我给学生发领取快递的短信时，最后都会加上一句：今天又是美好的一天，祝您一切顺利。短短的几个字，瞬间让这条短信有了温度。对我而言，这本质上不过是份拿钱办事的兼职工作，但我的用心让他感动。听完董叔的解释，我在心里默默地为自己鼓起了掌：认真对待每一份工作，收获远比你想象的多。

2016年夏天，学校安排我去中国测试技术研究院进行为期三个月的实习工作，虽然在大学也做了四年的实验，但相对来说实验的规格还不够高级。我还记得进入研究院的第一天，白花学姐带着我们几个实习生，干的第一件事就是清洗滴定管。因为研究院配的都是标准溶液，所以要求都会比较高。我们要先带上两层手套，从盐酸里拿出浸泡的滴定管，用自来水里里外外冲洗三次。再用纯水重复清洗三次，最后用超纯水再冲洗三次，那一天我一直重复这些操作，洗掉了近百根滴定管。晚上回到宿舍，感觉腰和腿都不是自己的了，但是躺在床上时，我竟然觉得莫名的开心，原来真正的化学实验应该是这样的，严谨、规范，相比之下在学校做的实验都太随意了。每次白花学姐配制溶液和封装溶液的时候，我都站在旁边默默观察，拿个小本本认真地记着笔记。很快，我就开始接手学姐的工作，开始自己配制产品。从计算、称量、恒温溶解到点火封装，每一个步骤要点我都熟记于心。实习期快结束的时候，主任和学姐都在问我后期的就业安排，愿不愿意留在研究院工作。通过努力被认可的感觉真美好！

回顾这些时光，我的嘴角竟然慢慢扬起了微笑，在同学们享受大学时光的悠闲和美好的同时，我经历着如此不一样的世界，不曾坐在教室里打瞌睡，不曾躺在寝室里看电视剧。每天的生活都是满满当当，丰富而有意义。每天踏出校门的时候，抬头向天空问好，内心都在感激：向着阳光生长的感觉真好！努力绽放自己的感觉真好！

三、坚定自己的选择，从一而终

当结束在中国测试技术研究院的实习工作时，我虽然觉得工作本身很有趣，领导也很希望我能留下来，但因为接触的试剂大都是高浓度的有毒物质，防护措施不到位会对身体有相当大的伤害，而我也目睹了同事出现中毒的情况，所以，我下定决心不从事本专业的检测工作，但又不想完全放弃化学。由于做过很多次家教，跟学生相处得也很愉快，所以我准备进入教培行业。我开始在各大网站疯狂投递简历，偶然间看到了后飞教育的招聘广告，瞬间被“我宁愿你是教育行业的一张白纸，因为我们描绘的未来会超越你的想象”的文案吸引了眼球。后续的事实证明，后飞确如文案所言。

记得当时，我进入了后飞的第三面——一场长达两小时的梦想面试，台下乌泱泱坐满了一片面试官。那两个小时里，仿佛时间都静止了，我坦诚而认真地讲述着自己的人生，讲述着自己往后的梦想，仿佛这些梦想已经实现了一般的开心和激动，甚至一度讲到哽咽。当时人力资源总监万万老师问我：“1到10分，这个面试你给自己打几分？”我答道：“8分吧，这个PPT我花了两天的时间来梳理制作，内容上我能给自己打满分，因为这都是我接下来要去做的事，我相信这些梦想都将在不远的未来被实现。之所以扣这两分，是因为这个PPT做得实在太丑了，大学时我一直在兼职，这些技能确实比较欠缺，需要学习。”整个面试结束的时候，老大和天涯给了我一个十分有力的“high five”，我的内心激动无比。万万老师说下午5点之前给我回复，在返回学校的途中，我站在地铁上，一路眼睛都不敢眨，直勾勾地盯着手机，仿佛自己已经与这个世界隔离。身边的人来来往往，说些什么完全听不清。我本来要在华西坝下车换乘公交，结果坐过了站直接到了火车北站，这时候万万老师打来了电话，恭喜我通过面试，正式加入后飞。万万老师后面说的带什么资料和证件，注意些什么，我已经完全记不得了，只顾兴奋地举起右手握拳吼了句“Yes”！回想起来，当时地铁上的人可能会觉得我哪里有问题……

2017年1月9日，我正式入职后飞，开启了梦想之旅。

作为毕业后的第一份工作，后飞最吸引我的是它富有朝气与活力的工作氛围。从进入后飞的第一天开始，我就给自己定下了短期目标——两年之内成为一名优秀的有特色的化学教师。于是，1月份那一个月，我开始疯狂地看书刷题听课，甚至比高考复习时还斗志昂扬，刷完了一本高考题库和完整的一套教材全解，又很幸运地在寒假为化学大神周鹏老师开设的化学极训做了一次助教。我脑海中所有的知识开始精准分类，变得更系统化。之后所有年级的教学工作，我都会提前准备好上课资料，自己先过一遍OPCM（一页秘籍）、课后作业及随堂练习，如有问题就不断优化和升级后再投入使用。迄今为止，我基本上把所有的年级都完整地带过了两轮。此外，我还编写了后飞教育寒暑假化学教材及高三全日制化学教材，对教学有了一些自己的心得和感悟。前方路漫漫，可探索和优化的地方仍有许多，我会秉持初心，踏实前行。

在教学这条路上，我也遭遇过挫折和质疑。记得刚进入后飞上课的那个暑假，因为我看起来年龄太小，没有经验，直接被家长质疑水平不够；因为知识不熟练，偶尔在课堂上讲错一道题被学生当众“拆穿”；因为某次考试学生没有考好，家长埋怨，我自责不已。那时候我的难过和沮丧是真的，但从没有想过逃离和放弃。我依旧不断地去刷周老师的视频，进入其他老师的课堂听课，学习伙伴们的优点，积累经验。感谢自己的坚定，才收获了巨大的成长，如今，两年过去了，我仍然坚定地爱着这个行业，并且愿为之奋斗终身。

四、相信相信的力量

过去的2018年，对于我来说是蜕变和成长的一年。从一开始工作，我给自己的定位就不是单单做一个教学老师。要想更大限度地突破和提升自己，参与管理是最好的途径。从2018年10月初开始，我参与了中和校区的创建工作。一路走来的这几个月，衷心感谢总部各位老师的信任与帮助，也感谢自己的努力和坚持。从选址、团队组建、装修、完善校区到开业策划、招生引流，这些场景就像电影一样在我的脑海里一幕幕回放。2019年1月份有几个大活动，中和校区所有伙伴连续高强度工作了半个月，每天夜里基本都是12点以后睡觉，早上7点以前起床。刘重锴老师为了制作开业宣传视频熬了两个通宵；胡老师为了制作策划文案和PPT一度病倒；苟老师在朗培招生时为了建设连队，凌晨3点才离开校区；刘杰老师为异业联盟，天寒地冻时一直四处奔波，招生实战拼命到一整天忘记吃饭；罗老师为做好开业和朗培的各种准备工作基本每天都是通班，累到回家后倒头就睡；李燕玲老师变化太大，成长太快，从初时的羞涩不语到为了维护校区利益不假思索地挺身而出；余晓凡老师已经放飞自我，在广场上主动唱歌来协助招生；李承宸老师才到中和校区四天，就已经与所有人融为一体，并肩战斗，即使招生被拒绝一百多次，他也斗志昂扬，最后超额完成任务；付老师为了赶开业和招生的所有设计任务，把远道而来看望她的妹妹带到办公室一起工作。不知道是什么样的幸运让我能够在茫茫人海中与他们相遇，短短几个月的相处，彼此已经像家人一般亲近。对于教培行业来说，最宝贵的财富永远不是什么资产，而是人才。当一个队伍正在全心全意变得更强大，这家公司就已经成功了一大半。因为相信这个校区未来的潜力无限，因为相信这个团队能合力创造奇迹，因为相信总部所有老师会引领我们走得更长远，中和校区才能实现从无到有。

2019跨年夜的那个晚上，老大让我们录制一个心愿视频。当时，中和校区的伙伴们因为要准备第二天的开业庆典，全体自主加班到凌晨才离开校区。晚上很冷，风呼呼地刮着，在回宿舍的那个十字路口，昏黄的灯光下，我看着走在前面的伙伴们的身影，竟然鼻酸了许久。多年后再回首，跟伙伴们没日没夜一起奋斗的时光将何其难得，何其珍贵！那天晚上，我在视频里定下两个新年目标：一是2019年中和校区要尽全力实现收支平衡；二是不管在经济方面，还是能力方面，要让校区的每一个员工都能得到成长。

为了实现这两个目标，2019年的2月份，我制订了一份详细的规划。首先是关于春季周末班及晚间辅导的招生工作方案，涉及如何有效发动“转介绍”，如何进一步展开市场工作等。紧接着是关于教师队伍的打磨，老师自身过硬的教学品质和轻松愉快的教学风格绝对是最好的招牌，我们将组织老师们定期参与培训，相互切磋学习，备课、磨课、赛课，共同进步。最后是关于行政方面所有工作的规范化和细致化，高效严格执行制定的规则，确保校区安全稳定运营。

对于管理，目前为止，我最大的心得就是要主动去发现和鼓励每一位员工。每个人都希望自己的存在是有价值的，也希望自己能够得到肯定。了解清楚每一个人想要在后飞实现的目标和追求，顺着这个方向去协调和安排工作，大家齐心协力，各司其职，校区才会蒸蒸日上。2019年对于中和校区而言是具有突破性质的一年，如何在激烈竞争中突出重围，任重而道远。我一直相信，多年以后，后飞教育的旗帜会插遍大江南北，全国各地都会有后飞人的身影！我也甘愿为这个宏伟目标的实现助一臂之力，实现自己更高的价值！

人物小传

赵悦 成长于四川省广元市一个贫穷的小村庄，因为不甘平凡，所以一路向前，勇敢追梦。而随着经历得越来越多，目标也开始变化，我才发现追梦的路永无止境，想要突破和提升自己的心也永不止步。人生匆匆几十年，容不得浪费。

学习履历

◆广元市沙河小学
◆广元市之江中学
◆江油中学
◆成都理工大学（本科）

成长路上获得的身份标识

◆成都理工大学材料与化学化工学院辩论会最佳辩手
◆成都理工大学材料与化学化工学院优秀班干部
◆成都理工大学材料与化学化工学院优秀学生
◆后飞教育初高中化学导师
◆后飞教育中和校区教学主管
◆后飞教育中和校区校长

人生格言

不忘初心，方得始终。

成功秘密

张亚磊：路漫漫其修远兮，吾将上下而求索

实现自己目标和梦想的人——成功人士

一、一纸调令到汝阳

2019年元旦一大早，我从沉沉的睡梦中爬起来，着一身轻装，外套一件加绒冲锋衣，从县委大院统一乘车来到北汝河边参加庆元旦万米长跑活动。在凛冽的寒风中长跑热身后，我们来到了县城体育场参加全县决战决胜脱贫攻坚誓师大会。震耳欲聋的宣誓声在整个县城回荡：举登山战旗，扬龙乡雄风，决战脱贫，汝阳必胜！

这一天，我调任到汝阳这个国家级贫困县刚满一周。

汝阳县地处豫西伏牛山区，因县城在北汝河之阳而得名，是中国历史名酒——杜康酒的发祥地，被称为“酒祖之乡”。“何以解忧，唯有杜康”，借着曹操的《短歌行》，酒祖杜康穿越历史的长河而闻名于世。大虎岭横亘汝阳中北部，将汝阳县自然分成山南、山北，山南为淮河流域，山北为黄河流域。杜康造酒遗址和杜康酒厂，就在山北杜康河穿过的杜康村。

汝阳素有“中国恐龙之乡”之称，在此发现的汝阳黄河巨龙是亚洲体腔最大的恐龙，巨型汝阳龙是目前世界上最大最壮的恐龙。县内西南角的西泰山，因华夏始祖炎黄二帝在此缔结联盟、大会诸侯而声振寰宇。

2016年7月，我兴高采烈地抱着四川大学水力学及河流动力学专业的工学博士学位证和毕业证，满怀着对未来的憧憬，从中国长江三峡集团解约，10月，正式入职洛阳市水务局。从那时到现在已经两年零两个月了，两年多来我经历了工作中的种种，两年的坎坷曲折、酸甜苦辣，不一而足。回首往事，我依然在不同的场合跟人说，自己并不后悔当初的选择。

博士从政是一个颇有争议性的话题。我在一开始，甚至也没有想到会走上这条路，至少这并不是我的夙愿。但在那关键的一刻，我毅然决然来到了洛阳。万事开头难，在市水务局我参与的是前坪水库征地移民、农村饮水安全和水利行业扶贫工作，经过学习、积累、改进，两年下来已经将工作捋得顺顺当当、非常上手。这时，一纸调令，我来到了汝阳县。2018年全市4个脱贫摘帽县脱贫压力之大，我在市里就有直接的感受。此刻，身处国家级贫困县汝阳，新年伊始，百业待兴，自己作为县政府的一分子，所负责的水利又是农口极为重要的一部分，农村饮水安全、水利行业扶贫都跟脱贫攻坚密不可分，我更加真切地感受到了压在汝阳县委县政府身上的重担，更加深刻地明白了安黎元、济苍生的不易，明确了以己所长助力脱贫攻坚的目标。

元旦那天，酣畅淋漓的万米长跑后，我一语双关地在朋友圈配图发文：庆元旦万米长跑，开启崭新2019！

二、三十而立忆往昔

出生于1988年的我，2016年来到洛阳时刚刚28岁。如果用4个字来总结2018年的话，我的答案是：三十而立。正是在30岁生日那天，我娶到了贤惠、善良、美丽的妻子，安身立命，终于成家。蓦然回首，往事如昨，历历在目，感慨不绝。

我少小顽劣，初中懵懂。每日荒废学业，不知人事。母亲终日提点，我感其良苦用心，幡然醒悟，从此辛勤克勉，不分昼夜，终上高中。高中的时候，我总是宿舍里起得最早的那个人，每每睡眼惺忪，稍听见有室友要起床的动静就立刻爬起来，洗洗刷刷，第一时间冲出宿舍奔向教室。我有极强的定力，下课了从来不出去玩，两耳不闻窗外事，任旁边如何吵闹，我自岿然不动看书做题。即便去食堂吃饭的间隙我也不舍得浪费，带着英语单词或唐诗宋词本边走边背。晚上我又是最后一个回宿舍睡觉的，不过我的睡眠质量极好，躺到床上倒头就睡。就是在那时，我深刻领悟到自己肩负的使命，也坚信我的梦想必将成为现实。

我克尽千辛万难，于2007年来到四川大学攻读水利水电工程专业。

刚入学的时候，我保持着高中时候早起晚睡和晨读的习惯。每天一大早跑到江安河畔，对着雾气朦胧的水面，语数理外之乎者也地大声朗诵。经常我晨读结束回到宿舍，室友们还在被窝里酣梦甜甜。但除了学习，未来该怎么走，我毫无头绪。后来，在一个老师的点拨下，我开始寻找自己的出路。万番思忖后，我给自己定下了三大目标：高质量完成专业学习，大范围拓展交际圈，全方位提升综合能力。现在想来，这些仿佛是上天给我的指引，之后的每一步怎么走，我都紧盯着这些目标，不敢有半点松懈。这四年，我学知识，学做人，学经营，学本领，努力夯实了人生的基础。大四毕业的时候，我逐条对照当年定下的目标，发现它们竟已悉数完成：学业上，我每日辛苦克勉，本科毕业成功成为推荐免试研究生，这也为我后来读博奠定了坚实的基础；交际上，我认识了全校范围各个专业各个层面的朋友，还拓展了社会上的人脉资源，最重要的是结识了值得一生一起走下去的几个好朋友；能力上，我从高中时的“书呆子”变成了创业达人，大一时去学生会面试时还会紧张地发抖，毕业时已经数次带领团队在校园里参与创业，做了很多自己想做的事。也就是在那时，我遇见了本稿的邀约人田波，我们一同经历了刻骨铭心的艰苦的创业岁月，我们的友谊延续至今。大学毕业之际，我回望来路，写下了题为《我的大学，我的一年四季（记大学）》的系列文章四篇，总结记录四年大学生涯。开篇提道：

> 大学四年，犹如一年四季。大一如冬季，战战栗栗，徘徊迷茫；大二是秋季，凉爽于心，犹带寒意；大三是夏季，激昂澎湃，自强不息；大四则是春季，温暖合心，春风得意。大学四年，一年四季。

也许从那时开始，我的内心就有一个坚定的信念，坚信我能克服一切困难，坚信事在人为，坚信人定胜天，坚信我能取得成功。很多时候我主动申请到艰苦的环境中去，主动要求锻炼自己。即便被丢进刀山火海，即便要经历千难万险，我知道，只要不放弃，不停努力，肯定能爬出来，凤凰涅槃般遇见不同凡响、更加强大的自己。而那之后遇见再大的困难，我都莞尔一笑，内心早已笃定这些困难很快都会成为过去。

后来，我写了篇文章总结回顾自己从初中到大学的这段经历，题名《自历》：

吾时年有七而致于学，只为幼善，无知无识。所学成获之优异，皆因少小聪颖。然后资质所羁，又游而好闲，业绩每下，几无可挽矣。学至初三，而顿悟，自勉自励，激而后进。有四载，竟不知窗外事务。

辛苦克勉，继而千里赴蓉。本志在鸿鹄，不以类居。后辗转复复，以致随流。渐松己克人，意偏神离，浑噩度日，志不知所向。每至夜半，思忖至此，常痛哭流涕，泪不能扼。

吾甚喜交，豪俊名流，皆与之友。且君子诚，则天下交。然卑躯恪守此道，竟每遭人鄙。虽此，亦恳切自新，因疚自责，不废其道。叹我平生，无甚过失，然交友不慎，伤人害己！每每悔过，因我与人不善，抑或世间不善甚多哉！

人生至此，稍有端倪。吾却守志不端，励志不至，至于前有凌云之志及日后长计，何异昙花浮云！

吾之求索，其路漫漫。此吾所以亲读教而不废是也！

研究生入学后我申请了硕博连读。在博士临近毕业的前一两年，我可谓受尽了煎熬，每天早出晚归，披星戴月。一大早到办公室写论文、修图片、处理实验数据，一待就待到了半夜，直到看门的大爷来催了一遍又一遍才心有不甘地离开。做实验的时候，一米开外是上万伏的高压电，我用高速摄像机拍摄高压电击穿水体产生的空化泡，经常一做就做到深夜，为了实验的连续性，常常晚饭也顾不上吃。做完实验拷贝完数据后到校门外喝碗热馄饨汤，满意地睡上一觉，第二天一早继续。在博士毕业的这一年，我边找工作、边写论文、边关注文章审稿状态。硕博连读的博士毕业时要发表2篇SCI，这可谓是博士生毕业时最大的拦路虎。我直到博三的时候还不知道缺的那篇SCI在哪里，每日里焦虑重重。我投了多篇论文，跟SCI期刊不断发邮件沟通，询问审稿进度。其中有一篇论文，审稿专家提了若干修改意见，我一五一十遵照修改，反反复复耗费了近两年时间，论文返过去二审的时候又被拒了，我是越焦灼迫切，越束手无策。

我现在依然清晰地记得，在博士答辩会的前一天，我还差一篇SCI的录用证明。我静静地坐在办公室，死死盯着电脑屏幕，内心起伏不定。如果没有这篇录用通知，我不能上明天的博士答辩会，更不可能拿到博士学位，之前千辛万苦努力得来的工作也会因为没有博士学位而泡汤。常说天无绝人之路，难道此时此刻，天要绝我的路吗？那一刻，我没有去想倘若没有博士学位我该怎么办，更没有想过就此放弃历尽千辛万苦得来的理想工作。我沉下心，思忖万千，敲动着键盘，再一次给编辑部发了封邮件。邮件中我详询了论文评审意见，悉数说明自己的处境，请求编辑部催促评审专家看能否尽快给个答复。不久后编辑部打来电话说，已收到一个专家同意录用的审稿意见，但另一个专家尚未回复，能否录用还不一定，需要沟通一下。我静静地等待着，度过了漫长的两个小时，就在马上要下班的时候，邮件弹出编辑部的回复——张亚磊先生：请查收稿件录用证明。心里悬着的石头终于落了地，一切终归是最好的结局。

数易其稿，78页的博士论文答辩PPT有页眉，有页脚，有校徽，有实验图片，有数据曲线，还有视频动画，我在答辩会上洋洋洒洒、酣畅淋漓、一气呵成。

如果问30年来我最感谢谁，我的答案毫无悬念。结婚的那一天，我西装笔挺站在台上，面向台下观众说了4个感谢。第一个感谢，就是感谢我的父母，感谢他们30年养育之恩，是他们给了我生命，把我养大，教我做人，此恩此情我永生难忘。说到“生命”二字的时候我已在台上哽咽，眼里噙满了泪水。待我说完4个感谢，台下的父母，正双双低着头抹着眼泪。

三、一枝一叶总关情

人生总会有程咬金半路杀出来。

年近而立，我早已不该徘徊迷茫。从读研究生开始，我就已认定了中国长江三峡集团是我最理想的归宿。对于水力学博士来说，专业对口、大平台、有发展潜力的单位没有几个。三峡，是央企，是国字号，是全世界最大的清洁能源集团。它依托建设三峡大坝的班底，再加上拿下了金沙江下游水能资源的开发权，在金沙江下游滚动开发了4座巨型水电站：向家坝、溪洛渡、白鹤滩、乌东德，号称再造2个三峡：总投资等于2个三峡，总装机等于2个三峡。现在三峡集团拥有全球前11大水电站中的5座，下属数十个子公司，是全球最大的水电开发运营企业，是具有较强创新能力和全球竞争力的世界一流跨国清洁能源集团。在这个企业工作，不仅能享受优厚的薪水待遇，而且能参与到世界顶级的大工程、大项目中，获得更宽广的国际视野，积累更多的工程实践经验，学习更多的专业知识，获得更长远的发展。

在千万人逐鹿拼杀中，我层层面试层层胜出，最终摘得了进入三峡集团的桂冠。过程之惨烈，竞争压力之大，难以用语言描述。而事后我才知道，在我对心仪岗位的追逐中，我的同门师弟们、跟我关系很好的校友们作为“牺牲品”纷纷出列。这也是我最终决定不去三峡集团后内心的一大憾事，我深感愧对他们。

另外，去洛阳就算回到了家乡。有着5000年文明史、1500多年建都史的洛阳城是古代文人骚客争相旅居的地方。作为十三朝古都，洛阳见证了105位封建皇帝的兴衰成败。洛阳牡丹甲天下，这里有5家AAAAA级旅游景点，在全国城市里排名首位。“若问古今兴废事，请君只看洛阳城。”编纂《资治通鉴》的司马光绝非虚言。而所有的这些还都只是我选择回到这里的次要因素。须知，一来选择了从政这条路就随时可能因一纸调令就到了别处；二来公务员在全国尤其是中西部地区，工资水平之低与我可选的其他所有工作都有天壤之别；三来以后的出路有着莫大的不确定性，博士毕业来到市局，在洛阳以前还不多见，毕竟平台不算大，如果就这样被单位的天花板限制住，那就是莫大的冤死鬼了。但是，政府掌握着各种资源，如何合理配置这些资源，让社会更好地发展，是一个极大的命题。如果能利用所学所知更加科学合理地分配这些资源，使之发挥出更大的效益，更好地服务社会、服务人民，能真真正正为社会、为老百姓做些实实在在的事情，那我张某人平生也算无憾了。

在走学术还是走行政的十字路口我做了短暂的徘徊，而后毅然来到洛阳。

我先是因为学的是水利工程，专业对口被分配到了洛阳市水务局，干起了水库移民工作。千千万万移民百姓，很多都是穷苦出身，为了修建水利工程，他们不惜背井离乡，舍弃祖祖辈辈赖以生存的那方热土，他们伟岸的形象深深地印在我脑海里！两年的基层工作经历，让我作为一名水利事业的工作者，作为一个为广大移民群众服务的基层人民公仆，更加能够理解移民背井离乡的悲痛和舍小为大的情怀。我也明白了我们为何而存在，我们的本职工作，就是让那些为水利事业做出牺牲奉献的移民得到更好、更合理、更满意的生产和生活安置。

人民实苦，人民不易。从此，我对初心和使命的理解更为深刻，更加坚定了为中国人民谋幸福、为中华民族谋复兴的决心，更加坚定了要为社会上困难的群众、艰苦的人民服务的决心。

后来别人问我为啥来洛阳。“在哪儿都是建设社会主义，何不回来建设家乡呢？”我脱口而出。

最近刚到了县里，同事们总说整个县还没有见过博士来机关上班的情况。直到这几天，还有人问我，为什么当时没有选择在自己的专业上走下去？我笑而不语，而后又语：“已经不知道你是第多少个这样问我的人了。”

四、遇见最好的自己

一直以来，我都有种信念，每当遇到挫折困难的时候，总有一股强大的力量在我心中流淌。人生实苦，但我始终相信，相信有一天会穿花拂叶，除却一身困顿，成就自己的不同凡响。一路走来，曲折坎坷，但跨过每一个艰难困境之后，迎面而来的都是最好的结局。

有时候闲下来，在夜深人静的时候我会问自己：将来究竟会走上什么样的岗位？究竟能做些什么事情？十年二十年三十年后，当我退休老去，此生是否仍然为当时的选择而无怨无悔？如果上天给我一次重来的机会，我还会这样选吗？

我想，答案是肯定的。纵然一路走来，并不是一帆风顺，但我朝着梦想前行的脚步没有停，我吃苦耐劳的干劲没有变。人生的故事，不是一个水到渠成的童话。所有的成功都不是一蹴而就，所有的成就都源于我们每一分每一刻的努力、坚持与专注。

北大法学院毕业的刘媛媛有篇演讲叫“寒门贵子”：

你要相信命运给你一个比别人低的起点，是想告诉你，让你用你的一生去奋斗出一个绝地反击的故事。这个故事关于独立，关于梦想，关于勇气，关于坚忍，它不是一个水到渠成的童话，没有一点点人间疾苦：

这个故事是，有志者，事竟成，破釜沉舟，百二秦关终属楚。

这个故事是，苦心人，天不负，卧薪尝胆，三千越甲可吞吴。

这篇演讲我不知道看了多少遍，还经常在我去学校、去其他单位讲课的时候分享给听众，与人共勉。

刚来洛阳的时候，我也适应了一段时间，每天都在思考该做什么，该怎么做。虽然每天都有事情做，但总觉得缺少方向感、目标压力和规则约束。后来有一天，我茅塞顿开，当年刚进大学的时候，迷茫之际我制定了大学期间的三大目标，而且在毕业的时候悉数完成。如今正式参加工作，我岂不是一样应该定下新的目标？渐渐地，我的脑海里浮现了16个字：

能言善思强身笃志，严己宽人勤学执衷。

能言善思。从政这条路必须能说会道，有善辩之才，有三寸不烂之舌。行政工作很多时候是管理人的工作，起码要说得头头是道、稳重大方，而且要让年长的同志心服口服。譬如领导讲话一般都是思路严谨、承前启后，照顾方方面面。善于思考而且思路清晰是多么重要，一个有思想的人，不受别人观点左右，而坚持自己的观点对从政又是何其重要！

强身笃志。身体是革命的本钱，强壮的体魄是以后干工作特别是能加班、能上山下乡的前提。到洛阳之后，我习惯了每天去健身房，锤炼自己的身体，磨砺自己的意志。博学而志向坚定，博闻强识，博闻强志。保持学习，跟上时代的步伐，适应工作所需，做到坚忍不拔、持之以恒，是我永远不能忘记的啊！

严己宽人。严以律己宽以待人。己欲立而立人，己欲达而达人。从政道路不同于其他，纪严于法、纪在法前。党员，特别是领导干部，始终都要严格要求自己。宽厚地对待别人，对待人民，对待同事，做工作不以损害别人利益为前提，是赢得支持、团结进步的重要方法。

勤学执衷。学如逆水行舟，不进则退。习总书记说，中国共产党人依靠学习走到今天，也必然要依靠学习走向未来。来洛阳的时候，导师让我多学习政治，我时刻铭记在心。每到一个新的环境，我都有太多的东西需要学习，太多的情况需要熟悉，太多的问题需要处理。每天我到办公室的第一件事是看《洛阳日报》《中国水利报》。来到汝阳后，我每天都会找来县里的很多资料看，将重要的内容记下来。坚持自己的信念，坚守自己的内心。为人做事不违背内心，心有所念，必有所执。心有所执，方能甲第。

至此，到县里我又该有个什么样的目标？我陷入了深思。

日复一日，年复一年，不畏前路艰辛，我坚定踏实地往前走，一步接着一步，坚守生命中应有的坚守，感受生命中最真实的自己，享受生命中最真实的过程，遇见生命中最美好的自己。

五、一往无前的背影

刚到汝阳，我先到贫困村去看望了贫困户，看老百姓的吃水情况，看前坪水库的移民安置房建设情况。我还带着130多名共青团代表为贫困户和移民群众打扫积雪，与全县78位驻村第一书记见面，为他们鼓劲，为他们加油。我积极适应县里的工作，熟悉基层的情况，了解百姓的冷暖，而了解得越多，越发现贫困群众的贫困、山区群众的艰难，越发现他们值得牵挂。

来汝阳前，曾有人说，县里可能经常有应酬，经常需要喝酒赶场。等真正到了汝阳，才知道这是天大的误解。这里，从周一到周六都有工作任务，一周的工作俗称是：6+1，白加黑，夜总会。“6+1”即每周上6天班，周六一定不休息，周日不一定休息。“白加黑”即白天加晚上，白天有事白天做，做不完晚上继续做，白天下乡了，开不成的会晚上回来开。“夜总会”即晚上总是开会，白天大家各有工作，时间凑不齐，开会就安排在晚上。县里的工作细碎杂乱又具体实在，有的很棘手，有的需要统筹协调很多部门。看着身边兢兢业业、冲锋陷阵的领导和同事，我颇受感动，也开始慢慢进入状态，忙碌了起来。

近来，我每天晚上都待在办公室，想想工作，看看材料，写写文章，经常很晚才回宿舍。汝阳县政府是座4层小楼，晚上11点从办公室出来走在大街上，隆冬深夜，寒风凛冽，一条路望到头没有一个人。可这样的生活却让我感到分外充实、分外平静。虽然每天都会遇到不同的问题，但通过解决问题我学到了新的东西，拓宽了思路，得到了持续的成长。组织让我们到县里锻炼，是多么正确的决定啊！

现在我们正紧锣密鼓地干着工作，县委、人大、政府、政协四大班子都各有各的任务，事情一件接着一件来，一天到晚闲都闲不住。正值脱贫攻坚决战决胜阶段，污染防治压力巨大，国土绿化行动任务艰巨，防范系统性风险、开展扫黑除恶治乱毁伞、乡村振兴迫在眉睫，重点工程项目遍地开花……

东风吹，战鼓擂。新年伊始，百业待兴。滚石上山，砥砺前行。举登山战旗，扬龙乡雄风。在汝阳县决战决胜脱贫攻坚誓师大会上，我们精神抖擞、干劲十足地一起宣誓！

脱贫攻坚的责任是重大的，同时使命也是光荣的。担子很重，路已不远。全面奔小康，匹夫有责。

2019年，以大会战的态势开战，以激情澎湃的誓师征战，以破釜沉舟的决心决战。我随着同志们和全县52万人民一同奔上脱贫攻坚、全面奔小康的战场，背影坚定，一往无前！

人物小传

张亚磊 男，1988年10月生，河南商丘人，中共党员，四川大学水力学及河流动力学专业博士，洛阳市汝阳县人民政府副县长。

刘金青：蜀鄙二僧，吾从贫者

实现自己目标和梦想的人——成功人士

已经记不清，我是否和田波沟通过开公众号的想法。但可以明确的是，我们都希望将心怀梦想的人当下的心声记录下来，去追踪个人的成长轨迹，去揭开成功的面纱，而不是听已经大成者回顾其波澜壮阔而带有传奇色彩的一生。我相信，我们每一个人从一生下来都是普普通通的；我也相信，我们每一个人都有成功的可能性。我们不想膜拜成功人士的丰功伟绩，我们只想知道同样呱呱坠地普普通通的人，是怎么样真实地不断地提高其成功可能性的，我们每一个人在每一天每一时每一刻里怎么做才能更加靠近更有效、更成功的言行念想。尽管大家批判鸡汤文学，痛恨成功学把我们带入歧途，但我依然认为成功学是一门必须好好掌握的学问。所谓学问，就是既要学又要问。我们对待鸡汤文和成功人士的故事，可能过多地在学，而没有问，即我们过于盲目地崇拜和相信成功人士所说的一切，而没有真正地问自己：他说的是真的吗？什么故事是他没有讲的？哪些方面我可以真正地用在我自己身上，指导我的行动？我真的想获得他那样的成功吗？我愿意付出他所付出的所有代价吗？说到底，我们只不过是留恋他人的成功故事所带来的短暂的鸡血效应，而不是真心诚意地去把一个个成功人士当作案例来研究，去探讨成功内在的规律以切实指导自己的行动。所以，在“后飞”的成功学里，我们首先要做的是祛魅，即把成功学里那种神秘性、神圣性和魅惑力给消解掉，将每一个成功者还原为真实的、有着七情六欲人性弱点的人，然后再去看这个人是怎么获得成功的。从这个意义上讲，我很支持田波出这本书的想法，也希望他每隔十年甚至五年把这批人再邀请一遍，再出一本书，将他们的成长轨迹记录下来，把每一个人的心路历程都摊开给读者看。

上面这一段感思，源于一次讨论。那次讨论我被问了一个触及灵魂的问题："立志是否是一个人很小就会表现出来的个人特质？"我当时想，这当然啦，后来又一想，似乎也不一定啊。提出这个问题的是清华大学教育学院的史静寰教授。那是在2015年的4月，我即将硕士毕业，闲来无事就想趁着离开清华前的这段时间多听听不同老师的故事。彼时，清华推出了一个真人图书馆活动，邀请名教授和清华学子在咖啡厅里聊人生，我抓住机会参加了很多场，而史静寰老师这一场带给我很多关于个人成长的深刻思考。"立志是否是一个人很小就会表现出来的个人特质？"史静寰老师首先用这个问题来引发我们的思考，而后又娓娓道来她的看法："关于立志，如果仅从人物传记来看，我们发现那些卓有成就的人在很小的时候就有着坚定的志向，似乎立志是个人所有的可能在很小的时候就会表现出来的特征。其实不然，因为传记往往是成功之后对于过去的选择性回忆，是事后的过度解释，可能把原不相干的事情串联在一起。"她的这段话（非原话，经本人整理归纳）马上让我们联想到乔布斯在斯坦福大学做的毕业演讲。在那次演讲中，他用三个人生故事阐明如何把生命中的点点滴滴串起来。可是，时间退回几十年前，那个在大学里迷茫地思考是否要退学的乔布斯真的那么有远见，能看到被遗弃、退学和学习美术字在他传奇一生中的重量吗？我想他大学时的迷茫是真迷茫，而勾勒他成功的依然是无数次天时地利人和的交叉。

那一次咖啡厅闲聊影响了我对立志的思考。史老师的话帮助我祛除了传记书、成功学中那些有意无意传达的"天选之子"的魅惑，让我看到每一个人立志的过程都是独特的环境和个人共同作用的结果。我的家庭和环境或许无法一开始让我立下郎朗那种以钢琴为终生事业的志向，但我可以发挥个人的主观能动性，去寻找触动我内心的力量，去了解自己，去定义自己的远方。而我也希望有更多的人看到，商界、政界、学界的大佬们，几十年前和你我一样，都是普普通通的青年。

那么真正区分普通青年和集大成者的特质是什么呢？我想我并不能给出准确答案，但我有一个给三十出头的自己的答案，那就是“为”，真诚敢为。从湖南偏远的安化农村走出来，到湛江师范学院求学，成为一名数学师范生；而后考研考到了清华，成为一名教育研究者；如今在美国印第安纳大学读博，学习怎么成为一名数学教育研究者和教育者。一路走过来，不敢说自己有多厉害，也不觉得自己有多成功，只是觉得发生的这一切，都是一步一步走出来的，在它们没有真正发生之前，我都未曾料想过它们会发生并且会这样地发生。这每一步是否已经是我可以走得最好的一步呢？我是否已经最大化我人生的可能性了呢？答案是否定的。我能肯定地说，我比身边的大多数人敢为、敢坚持，换言之，我比身边的大多数人更加固执。然而，在这三十岁的点儿上回顾自己走过的路，我的敢为还是懦弱的，是患得患失的。我没有把自己的全部交付给自己想要去的远方，尽管除了我的生命和时间我本一无所有。我若纠结在自己已经获得的蝇头小利里，那么，成功为何要大驾光临呢？

自2018年田波邀请我写一写不成功人士的成功学，我反复思考着一个问题：到底是什么让岁月区分了我们？近日，随着交稿日期慢慢逼近，我脑海里一直盘旋着初中学过的一篇古文，其大意是讲一头驴子和一匹马或者是两个人的故事，故事里驴子日复一日地拉磨，马终行千里归来。我不记得这段古文的具体内容，可其中的道理却让我印象深刻。我在网上寻找，在微信群里四处询问，最后，朋友告诉我彭端淑的《为学》里有类似的故事。果然，这就是我要找的那个故事，不过它是关于蜀鄙二僧的。下面我将这一段原文附上。

> 蜀之鄙有二僧，其一贫，其一富。贫者语于富者曰：“吾欲之南海，何如？”富者曰：“子何恃而往？”曰：“吾一瓶一钵足矣。”富者曰：“吾数年来欲买舟而下，犹未能也。子何恃而往？”越明年，贫者自南海还，以告富者。富者有惭色。
>
> 西蜀之去南海，不知几千里也，僧富者不能至而贫者至焉。人之立志，顾不如蜀鄙之僧哉？是故聪与敏，可恃而不可恃也；自恃其聪与敏而不学者，自败者也。昏与庸，可限而不可限也；不自限其昏与庸而力学不倦者，自力者也。

这段话，我要将其烂熟于心，并用来指导我未来的十年人生。十年以后，若是有机会，我会再来谈谈这段话如何影响了我的发展。

人物小传

刘金青　出生于湖南省益阳市山清水秀的安化县，幼年曾坐在颠簸于十八湾山路上的巴士里离开家乡。那时候，我想：等我学成，我一定要回家乡修一条大马路。而今马路没有修成，却发现了另一条于人更有意义的道路——教育之路。于是，立志教育研究，希望教育能够成为更多孩子实现梦想与未来的道路。

学习履历

- 中心小学
- 先锋中学
- 湘潭大学子弟学校
- 湛江师范学院（本科）
- 清华大学（硕士）
- 美国印第安纳大学（博士）

实现自己目标和梦想的人——成功人士